Peter Schwab / Stefan Punz

Vorne ist immer Platz

W0195482

Peter Schwab / Stefan Punz

Vorne ist immer Platz

Durch Innovation an die Spitze

Bibliografische Information der Deutschen Nationalbibliothek
Die Deutsche Nationalbibliothek verzeichnet diese Publikation in der Deutschen
Nationalbibliografie; detaillierte bibliografische Daten sind im Internet über
http://dnb.d-nb.de abrufbar.

Hinweis: Aus Gründen der leichteren Lesbarkeit wird auf eine geschlechtsspezifische
Differenzierung verzichtet. Entsprechende Begriffe gelten im Sinne der Gleichbehandlung
für beide Geschlechter.

Es wird darauf verwiesen, dass alle Angaben in diesem Werk trotz sorgfältiger Bearbeitung
ohne Gewähr erfolgen und eine Haftung der Autoren oder des Verlages ausgeschlossen ist.

ISBN 978-3-7093-0602-4 (Print)
ISBN 978-3-7094-0703-5 (E-Book-PDF)
ISBN 978-3-7094-0704-2 (E-Book-Epub)

© LINDE VERLAG Ges.m.b.H., Wien 2015
1210 Wien, Scheydgasse 24, Tel.: 01/24 630
www.lindeverlag.at
www.lindeverlag.de

Umschlag: buero8
Illustrationen: Kirsten Reinhold, Köln
www.kirsten-reinhold.de
Satz: LINDE VERLAG Ges.m.b.H., Wien 2015
Druck: Hans Jentzsch & Co GmbH
1210 Wien, Scheydgasse 31
Dieses Buch wurde in Österreich hergestellt.

Inhalt

Vorwort – Innovation tut immer weh: Doch Jammern hilft nicht! 7

Kapitel 1: PLANEN SIE - Bereiten Sie sich vor: Sie wollen an die Spitze 11

Innovation ist ein Hindernislauf und kein Spaziergang 13

Vorne ist immer Platz – Gut sein ist zu wenig 17

Eine Vision wird Realität – Über Sehnsucht, Meer und Konsequenz 23

Schuster bleib bei deinem Leisten – Wenn du etwas machst, dann richtig 29

Eine Innovation muss begeistern – Entlocke dem Markt ein WOW! 33

Kenne dein Fenster – Der richtige Zeitpunkt ist entscheidend 39

Die drei Aspekte der Innovation – Idee, Markt und Geschäftsprozesse 43

Elfenbeinturm-Forschung funktioniert nicht 49

Zu viele Regeln zerstören die Innovationskraft – Kreativer Freiraum
versus Fokus 53

Zuerst wer, dann was 61

Kapitel 2: LAUFEN SIE - Halten Sie durch: Vorsicht vor den Stolperfallen des Alltags 65

Scheitere ausschließlich am Kunden, niemals an dir selbst 67

Kurzfristig versus langfristig – Sichere dein Überleben 71

Forschung ist ein Projektgeschäft – Nicht die besten Ideen setzen
sich durch 77

Fokus ist wichtiger als Förderung 83

Innovation lässt sich nicht delegieren – Keiner darf sich drücken 87

Schütze deine zarten Pflänzchen – Forsche im Verborgenen 93

Tue Gutes und rede darüber – Kommuniziere einfach 99

Echte Forscher lösen jedes Problem – Viele gute Ideen kommen
aus der F&E 103

Zuviel Kooperation zerstört alles – Netzwerk versus Partnerschaft 107

Know-how-Schutz versus Open Innovation – Nackt ins Büro? 113

Kapitel 3: LERNEN SIE – Der Blick zurück ist der Blick nach vorne: Immer besser werden 119

Alles dauert doppelt so lange und kostet doppelt so viel –
Und lohnt sich trotzdem! 121

Einfach ist besser! 125

Ein Unternehmen mit Herz motiviert 129

Wenn du alles unter Kontrolle hast, dann fährst du garantiert zu langsam 133

Richtige Themen lösen große Probleme der Menschheit 137

Was wir Ihnen mit auf den Weg geben 141

Die Autoren 142

Bücher, die wir empfehlen 144

Vorne ist immer Platz

Innovation tut immer weh: Doch Jammern hilft nicht!

Auf den ersten Blick ist Innovation super einfach. Alles, was es dazu braucht, ist eine halbwegs gute Idee, und der Rest geht wie von alleine. Und wenn wir uns die herausragenden Innovationen der letzten 100 Jahre ansehen, dann fragen wir uns, warum diese eigentlich nicht schon viel früher erfunden wurden. So außergewöhnlich waren die doch gar nicht! Und überhaupt, die meisten Innovationen sind so naheliegend, da wären wir doch sicher auch draufgekommen. Strom durch einen Draht in einem Vakuumgefäß zu jagen, bis dieser glüht: Liegt doch auf der Hand! Und die Abnehmer sind von sowas natürlich sofort überzeugt und reißen sich darum. Eine supersimple Verbrennungskraftmaschine in eine Kutsche einbauen und das dann Automobil nennen? Ich bitte Sie, das kann doch jeder! Und verkaufen tut sich das von selbst. Arbeitsteilung und Fließbandarbeit erfinden und einführen? Was gibt es da zu erfinden? Das ist doch logisch! Kann man doch seit Urzeiten in jeder Küche beobachten!

Frage: Wenn das alles so einfach ist, warum erfindet dann nicht jeder dauernd was richtig Gutes und wird damit natürlich auch gleich reich? Aaaaah klar, die vielen einfachen Sachen sind ja jetzt alle schon erfunden, früher war es halt viel leichter, wenn wir früher gelebt hätten, dann wären wir reiche Pioniere gewesen! Aber aufgepasst: Das Heute ist das Gestern von morgen, und auch jetzt, gerade in diesem Moment, werden Innovationen entwickelt und auf den Markt gebracht, von denen wir morgen wieder denken könnten: „Mann, das war ja echt aufgelegt, da wär ich auch draufgekommen!" Irgendwie ist Innovation immer nur rückblickend leicht und einfach. Wahre Innovationsarbeit sieht aber völlig anders aus!

In diesem Buch geht es um die ungeschminkte Wahrheit über Innovation. Zu diesem Thema sind zahlreiche Bücher, Kurse und Seminare erhältlich, die den Innovationsprozess und alle damit verknüpften Aktivitäten ausführlichst beschreiben und auch zahlreiche Patentrezepte anbieten. Unzählige Studien untermauern eine riesige Anzahl an Methoden, Vorgehensweisen und Prozessen. Ganze Horden von Beratern leben davon, dass Unternehmen ihre Innovationskraft stärken müssen, das Wissen um die zu setzenden Schritte aber fehlt. Manche Firmen beginnen damit, in Hochglanzprospekten ihre vermeintliche Innovationskraft zu inszenieren. Andere holen sich Berater in die Firma, die dann – da sie die Unternehmenskultur ja so gut kennen – gegen Bauchschmerzen Augentropfen verordnen, und wieder andere Unternehmen beginnen brav damit, die eingehende Literatur zu studieren und vielversprechende Methoden auszuwählen, um dann in zahlreichen Fehlversuchen zu lernen, welche Vorgehensweisen für ihr Unternehmen funktionieren und welche nicht.

Wenn Sie auf der Suche nach neuen Patentlösungen sind, müssen wir Sie leider enttäuschen. Ein Kochrezept werden Sie in diesem Buch nicht finden. Oder doch, und zwar folgendes: Lesen Sie das Buch wie Sie möchten, in der Reihenfolge, die Ihnen Ihr Bauchgefühl vorgibt, nehmen Sie das mit, was Ihnen interessant vorkommt und für Sie als Entscheidungshilfe oder Gedankenanstoß dienlich sein kann. Innovation lebt auch davon, dass Sie die gängige Praxis hinterfragen und manchmal einfach durch neue Impulse stören.

Damit Sie uns nicht falsch verstehen, wir wollen nicht mit erhobenem Zeigefinger die ganze Innovationswelt belehren und nehmen auch nicht in Anspruch, die einzig wahre und universell gültige Wahrheit zum Thema Innovation zu besitzen. Wahrheit ist sowieso relativ und außerdem eine Funktion der Zeit, da häufig gängige Praxis oder der derzeitige Community-weite Konsens als Wahrheit verkauft werden. Wir möchten Ihnen einfach mitgeben, was wir schmerzhaft gelernt und erfahren haben und was unserer Meinung nach in vielen Fällen zutreffend ist. Da wir uns der etablierten Literatur und der Innovationscommunity (z.B. auf Innovationskonferenzen) nicht verschließen, kennen wir natürlich gängige Meinungen und Kochrezepte zu vielen der von uns angesprochenen Themen und wissen damit auch, dass wir in manchen Punkten dazu widersprüchliche Aussagen machen. Einerseits könnte das natürlich daran liegen, dass wir uns grundlegend irren. Das wäre unseres Erachtens nicht mal so schlimm, der Mut zum Risiko (sich zu irren) kombiniert mit der Kühnheit oder Naivität, es trotzdem zu tun, sind ja wohl unbestritten wichtige Zutaten für erfolgreiche Innovationen. Es könnte andererseits aber auch damit zu tun haben, dass gerade beim Thema Innovation gewisse Thesen und Meinungen unendlich widergekäut, voneinander kopiert und abgeschrieben werden, ohne sie wirklich zu hinterfragen und einem jahrelangen Praxistest zu unterziehen. Hatten Sie nicht auch bei der Lektüre eines neuen How-to-innovate-Ratgebers manchmal das Gefühl: „Klingt ja recht nett, aber wie bitte soll das in der Realität funktionieren?" Innovation ist kein Produkt, das am Ende einer menschenleeren automatisierten Fertigungsstraße zuverlässig in hoher Taktzahl rausfällt, sobald man den Einschaltknopf betätigt. Wie auch immer, machen Sie sich Ihr eigenes Bild! Zumindest schadet es keinem, auch mal eine abweichende Meinung zu lesen und darüber nachzudenken. Und bergen nicht der Widerspruch und die Provokation in sich bereits einen Keim der Innovation? Was Sie hier lesen, ist das pure Destillat aus jahrelanger Praxis, in der nicht nur vieles richtig, sondern auch einiges falsch gemacht wurde, was letztlich zu sehr einprägsamen und lehrreichen Erfahrungen führte.

Wir wissen, dass die Leserinnen und Leser, die aus diesem Buch Nutzen ziehen werden, keine Zeit haben, sich durch fünf Zentimeter dicke wissenschaftliche Abhandlungen zu quälen. Deshalb haben wir auch kein Buch mit 500 Seiten geschrieben, sondern uns bewusst möglichst kurz gehalten und versucht, das Wichtigste für Sie herauszuarbeiten.

Zwei Dinge möchten wir außerdem herausstreichen:

1. Wir sprechen zwar häufig über Produkte, aber viele in diesem Buch angeführte Regeln gelten genauso für andere Formen der Innova-

tion, z.B. neue Dienstleistungen, Geschäftsmodelle, Logistikinnovationen usw.

2. Unsere Sichtweise ist geprägt durch unsere Erfahrungen in einem technologieintensiven Konzern. Wir sind aber davon überzeugt, dass die meisten unserer Überlegungen und Empfehlungen für Unternehmen jeder Größenordnung und in den unterschiedlichsten Branchen Gültigkeit besitzen.

Uns ist klar, dass manche der Thesen in diesem Buch kompromisslos formuliert und etwas plakativ sind. Wir wollen mit der Illusion der Hochglanz-Innovation aufräumen, bei der alles leicht von der Hand geht, alle das Neue dankbar annehmen und mittragen und mit wenig Schweiß und Aufwand die Welt verändert wird.

Auf keinen Fall jedoch wollen wir Sie entmutigen, sich dem Thema Innovation zu stellen! Im Gegenteil wollen wir einerseits zum richtigen Mindset beitragen, indem wir Ihnen klarmachen, dass Sie sich auf den bevorstehenden Hindernislauf ausreichend körperlich und vor allem geistig vorbereiten müssen und auch können. Andererseits möchten wir Ihnen ein paar ganz konkrete Leitsätze mitgeben, die Ihnen als Leuchttürme auf der stürmischen See der Innovation dienen sollen. Würden wir die Quintessenz des Buches zusammenfassen, so bieten sich vier Zitate an, die zusammengestellt das Wesen der Innovationsarbeit trefflich unterstreichen:

„Innovate or die!"
(u.a. Bill Gates)

„The moment it starts, hell breaks loose. "
(Guy Kawasaki)

„If you are going through hell, keep going. "
(Winston Churchill)

„Innovation takes twice as long, costs twice as much, but finally pays off many times! "
(Peter Schwab)

Kapitel 1

PLANEN SIE – Bereiten Sie sich vor: Sie wollen an die Spitze

Sie wollen innovativer werden? An die Spitze kommen? Dann seien Sie gewappnet, denn Ihnen steht ein wilder Ritt bevor! Was auf Sie zukommt, mit welcher Einstellung Sie Ihre Erfolgschancen deutlich erhöhen, wie Sie Ihrem Unternehmen Richtung geben, sich auf die wesentlichen Themen fokussieren und Ihre Mitarbeiter bestmöglich vorbereiten können, lesen Sie in diesem Kapitel.

11

Innovation ist ein Hindernislauf und kein Spaziergang

Wir haben eine schlechte Nachricht für Sie: Echte Innovation ist schmerzhaft. Immer. Innovation ist schweißtreibend, sorgt manchmal für schlaflose Nächte und bringt Sie oft an den Rand der Verzweiflung. Lassen Sie sich nichts anderes erzählen, in Seminaren, Kursen und Büchern sieht es zwar immer so einfach aus, so klar und simpel. Auf dem Schlachtfeld der Innovation zeigt sich aber schnell, dass die Realität Ihnen weit mehr abverlangt, als Sie während des Trockentrainings jemals erahnt hätten. Und je höher der Innovationsgrad, desto höher ist auch der Kraftakt, den Sie vollbringen müssen. Tappen Sie daher nicht in die Falle und wählen nur diejenigen Projekte, die für Sie leicht umsetzbar sind. Natürlich macht es Sinn, auch Quick Wins mitzunehmen, die auf dem Weg liegen. Aber Sie haben keine Wahl: Ohne echte Innovationen wird Ihr Schiff früher oder später sinken. Also raus aus der Komfortzone!

Innovation ist wie ein Hindernislauf. Und zwar einer, bei dem Sie zu Beginn nicht wissen, welche Hindernisse auf Sie warten, wie viele Hindernisse es geben wird und wie lange der Hindernislauf überhaupt dauern wird. Kennen Sie das Spartan Race[1]? Dies ist genau so ein Hindernislauf, bei dem Sie zu Beginn (anders als bei einem Marathon, einem Iron-Man-Wettbewerb oder einem Radrennen) nicht genau wissen, was auf Sie zukommt. Das Motto dieses Laufes lautet: „You'll know at the finish line." Sie wissen nur, es wird Sie an Ihre Grenzen und darüber hinaus führen. Zahlreiche unterschiedliche Hindernisse warten auf dem Weg, eines anstrengender als das andere. Sie müssen über hohe glitschige Holzwände klettern, sich durch Netze hangeln, am Boden im Schlamm robben, schwere Lasten tragen, sich an Seilen hochziehen, über Feuer springen und vieles mehr. Verrückt, oder? Und

---

[1] Siehe www.spartan.com und www.spartanupthebook.com.

trotzdem explodieren die Teilnehmerzahlen von Jahr zu Jahr. Um das Rennen schaffen zu können, ist eine exzellente körperliche Verfassung Grundvoraussetzung. Durch die verschiedensten Hindernisse wird den Teilnehmern Stärke, Ausdauer und Geschicklichkeit in vielfältiger Weise abverlangt. Aber: Dieses Rennen ist nur scheinbar eine rein körperliche Herausforderung. Der wahre Schwerpunkt liegt woanders. Denn raten Sie mal, was über den Erfolg eines solchen Hindernislaufes entscheidet? Genau, es ist der Kopf! Wenn der Körper bereits entkräftet und zermürbt ist, der Verstand sich dauernd fragt, wie lange es noch dauern wird, dann entscheidet nur mehr die geistige Verfassung, ob man noch weitermacht und letztendlich sein Ziel erreicht oder nicht. Und diese Verfassung ist Folge der richtigen Einstellung und eines unerschütterlichen Commitments. Auf den Flyern des Spartan Race steht nicht umsonst „Sign up. Show up. Don't give up".

Sie haben sicherlich die zahlreichen Parallelen zwischen dem Spartan Race und echten Innovationsprojekten erkannt. Auch hier ist körperliche Fitness Grundvoraussetzung, solch einen Hindernislauf bestehen zu können. Ein Unternehmen mit einem schlechten Management, mittelmäßigen und unerfahrenen Mitarbeitern und mangelhafter Ausstattung wird niemals das Ziel erreichen können. Ein gut aufgestelltes Unternehmen ist notwendig, aber noch lange nicht ausreichend.

Diesen Hindernislauf gibt es immer. Die Hindernisse sind interner und externen Natur, und viele davon lassen sich nicht vorhersehen.[2] Es kommt dabei ganz stark auf die Einstellung an. Wenn man das erstmal akzeptiert hat, dann geht man ganz anders an die Projekte heran. Ein Hindernis? Lasst uns drüberspringen! Noch eines? Auch das schaffen wir! Wieder eines? Jetzt trennt sich die Spreu vom Weizen. Denken Sie jetzt nicht: „Dieses Projekt bringt nur Probleme, das ist doch aussichtslos." Sondern denken Sie: „Aha, Durststrecke, aber das kennen wir ja,

---

[2] Lesen Sie doch mal „Das Neue und seine Feinde" von Gunter Dueck und zählen Sie die „Jaaaa-das-ist-genau-wie-in-meinem-Unternehmen!"-Momente.

wir wissen, das gehört dazu, das schreckt uns nicht ab, es geht weiter." Ein einzelnes Hindernis überwinden können viele Firmen, die Kunst besteht darin, mit vielen – unplanbaren – Hindernissen umzugehen. Was tun, wenn bei der Entwicklung Ihres Hoffnungsproduktes immer und immer wieder neue technische Herausforderungen auftauchen? Wenn sich ein Patentstreit über Jahre hinzieht? Wenn ein Lieferant in letzter Minute ausfällt und Sie hängenlässt? Wenn bei der Markteinführung einiges schiefläuft? Nehmen wir es als sportliche Challenge? Konzentrieren wir uns immer darauf, das aktuelle Hindernis mit voller Kraft zu überwinden? Oder verzweifeln wir, weil sich die Probleme zusammenrotten und uns klar zeigen, dass das Projekt eigentlich aussichtslos ist? Dann wird uns die nächste Hürde sicherlich zur Aufgabe bewegen.

Versuchen Sie den Innovation Spirit mit entsprechender Mental Toughness zu verbinden. Die Führungskräfte haben dabei einen großen Einfluss und wichtige Vorbildwirkung. Das fängt bei einzelnen Projekten an und hört selbst bei der Vision (siehe Kapitel „Eine Vision wird Realität – Über Sehnsucht, Meer und Konsequenz") nicht auf. Vermitteln Sie: Wenn wir was machen, dann probieren wir das nicht, sondern dann machen wir das auch! Lassen Sie keine Ausreden gelten, verlangen Sie von Ihren Mitarbeitern stets Lösungsvorschläge und Handlungsoptionen. Bestärken Sie sie, sobald sie geistig in die Knie gehen. Wenn Sie es schaffen, nach jedem gelungenen schwierigen Innovationsprojekt auch die Einstellung Ihres Unternehmens etwas mehr in diese Richtung zu schärfen, dann haben Sie einen echten Vorteil gegenüber der Konkurrenz gewonnen. Den Innovationsmotor eines Unternehmens in Gang zu bringen, ist wie ein schweres Schwungrad in Bewegung zu setzen.[3] Zunächst unglaublich mühsam, aber mit zunehmendem Tempo wird es immer leichter.

---

[3]   Siehe Jim Collins: „Der Weg zu den Besten: Die sieben Management-Prinzipien für dauerhaften Unternehmenserfolg".

KEY TAKE-AWAYS

→ Echte Innovationsprojekte sind wie ein schwieriger, unvorhersehbarer Hindernislauf. Akzeptieren Sie diese Tatsache, und bereiten Sie sich und Ihre Mitarbeiter geistig darauf vor. Sehen Sie sie als sportliche Challenge!

→ Wenn Sie etwas machen, dann machen Sie es richtig. Punkt. Ausreden gibt es viele, Entschuldigungen sind das keine. Klappe zu, Affe tot.

→ Laufen Sie doch mal ein Spartan Race. Am besten sollten alle so ein Rennen laufen. Das ist eine wunderbare Gelegenheit, die für Innovation nötige Einstellung und Ausdauer zu erlangen. „Sign up. Show up. Don't give up."

Vorne ist immer Platz[4] – Gut sein ist zu wenig

Die Sprüche mit dem Vogel und der Maus haben zwar mittlerweile einen Bart wie Methusalem, trotzdem sind sie als Einleitung für die folgenden Überlegungen trefflich geeignet: „The early bird catches the worm, but the second mouse get's the cheese." Und schon geht die Diskussion los: Als Pionier als Erster auf den Markt gehen oder lieber warten, um sich dann im Windschatten mit einem massenmarktoptimierten Produkt ein anständiges Stück des bereits vorbereiteten Kuchens abzuschneiden?

Zunächst mal sollten wir zwischen Erfinder und Innovator unterscheiden. Der Innovator ist derjenige, der ein Produkt als Erster erfolgreich auf den Markt bringt. Und das ist es, was zählt. Der Unterschied zwischen Innovationsführer und Follower liegt also nicht darin, wer es als Erster erfunden hat, sondern wer als Erster damit die Kunden beglückt. Natürlich geht manchen Innovationen eine aufwändige Entwicklungsarbeit voraus, andere wiederum sind einfach eine Rekombination aus bereits bekannten Lösungsansätzen.

Nun findet sich eine Vielzahl an Argumenten für die Rolle als Follower: Man vermeidet hohe F&E-Kosten, hat trotzdem ein bereits ausgereiftes Produkt, betritt einen dafür schon vorbereiteten Markt, auf dem man nicht nur die Early Adopters, sondern bereits die breite Masse an Kunden ansprechen kann. Und es gibt tatsächlich eine beachtliche Zahl an Beispielen, wo Pioniere erfolglos versucht haben, ein Produkt als Erste auszurollen, um dann schmerzhaft mitansehen zu müssen, wie einige Zeit später der Mitbewerb alles viel besser macht und damit auch die goldenen Äpfel erntet. Also Hände weg von der schweißtreibenden Hochrisikostrategie des Innovationsführers und Zuerst-auf-den-Markt-Bringers? Sich ja niemals als Erster auf den Markt wagen? Klingt doch gut! Lassen Sie andere das Bett machen und legen sich dann gemütlich hinein.

---

[4]   U.a. Michael Schumacher (deutscher Rennfahrer).

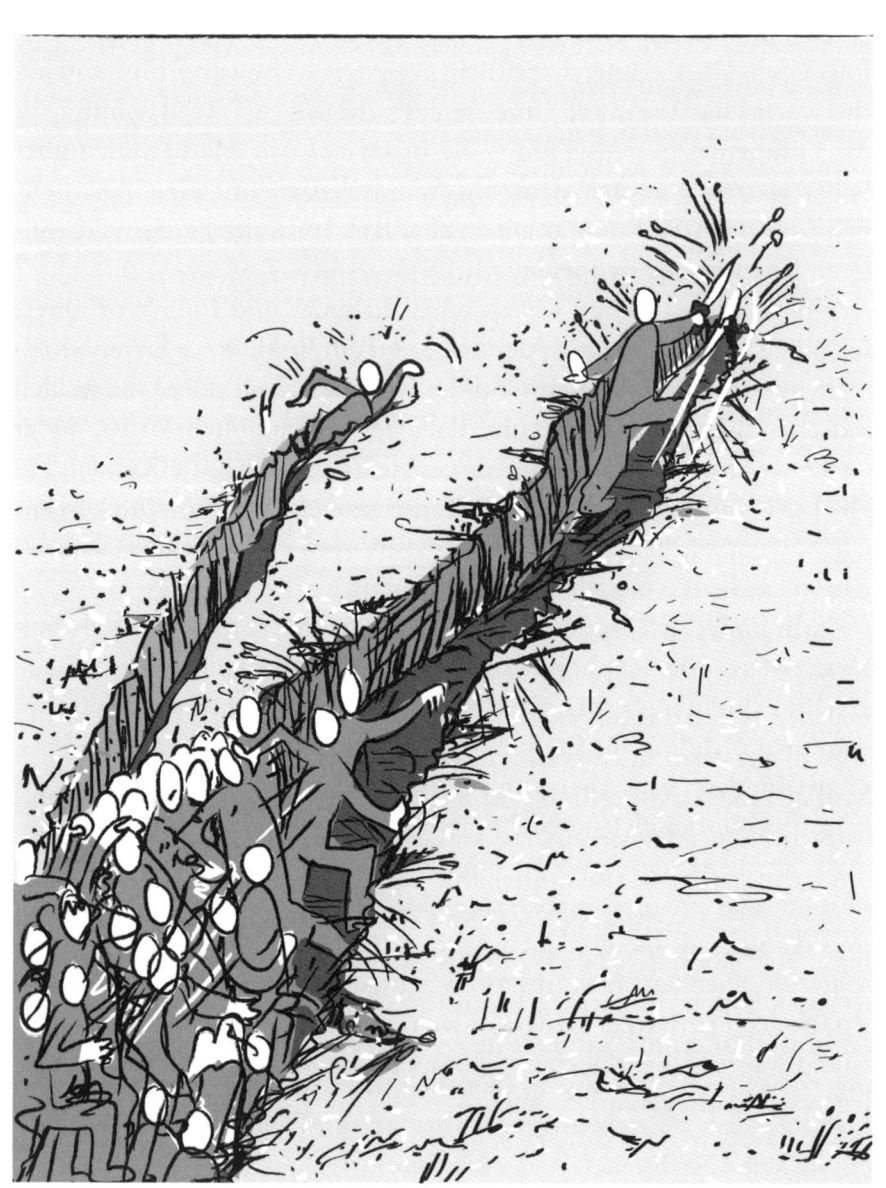

Auf der anderen Seite gibt es aber genauso Beispiele, wie wahre Innovationsführer mit begeisternden Innovationen nicht nur Beifall im Markt erhalten, sondern auch die Konkurrenz aufmischen und über Jahre paralysieren. Verrückte Einzelgänger? Alles Glück? Oder zahlt sich vorne zu sein vielleicht doch aus?

Vergessen Sie das ganze theoretische Geschwafel, ab in die Rundablage damit. Die Realität ist viel einfacher, Sie haben nämlich gar keine Wahl:

Streben Sie die Innovationsführerschaft an!

Es gibt keine Alternative! Dominieren Sie Ihren Markt, oder besser gesagt, Ihre Nische. Das heißt auch nicht, dass Sie alles selbst erfinden müssen und keine bestehenden Lösungen verwenden dürfen. Oder dass Sie allen Herausforderungen auf dem schwierigen Hindernislauf der Innovation als Einzelkämpfer gegenüberstehen. Ganz im Gegenteil! Nutzen Sie alles, was Ihnen zur Verfügung steht und für Sie nützlich ist. Aber: Bleiben Sie vorne!

Sie fragen sich, warum?

Wer vorne ist, gibt die Richtung vor, und alle anderen folgen, manchmal fast blind. Wenn ein Innovationsführer eine Richtung einschlägt, dann muss da doch was dran sein, oder? Die Augen der Mitbewerber sind großteils auf Sie gerichtet, und es kostet Zeit und Aufwand, zu analysieren, was der Branchen-Leader gerade macht, um dann daraus Maßnahmen abzuleiten. Dadurch fällt es den Followers oftmals schwer, über den Tellerrand zu blicken. Wie sollte man auch überholen, wenn man das Folgen perfektioniert hat? Sie dagegen haben durch Ihre Innovationsführerschaft auch die richtige Einstellung im Unternehmen verankert, Ihre Mitarbeiter haben die richtigen Erfahrungen (nämlich Innovationserfahrungen und nicht Follower-Erfahrungen) gemacht, und das richtige Mindset entwickelt.

Sie geben in Ihrem Zielmarkt den Ton an, und Ihre Kunden wissen, an wen sie sich wenden müssen, wenn sie einen Wunsch haben oder auch nur wissen wollen, was denn so an Neuerungen auf sie zukommt. Wenn Sie etwas Neues auf den Markt bringen, dann wissen die Kunden aus Ihren vorherigen Erfolgen, dass Sie auch den nötigen langen Atem haben, um die Innovation nicht nur auszurollen, sondern auch eventuelle Kinderkrankheiten auszumerzen. Jemandem, der noch nie als Innovationsführer aufgetreten ist, fällt es wesentlich schwerer, die Kunden zum Mitgehen zu bewegen.

Als Innovationsführer kooperiert man mit den Besten und etabliert am Markt ein Produkt, das nicht nur für immer mit dem Namen des eigenen Unternehmens verbunden sein wird, sondern es auch erlaubt, die eigenen Stärken voll auszuspielen. Wenn man Erster ist, dann ist das neue Produkt auf den eigenen Produktionsanlagenpark maßgeschneidert und wird dann zur inoffiziellen oder offiziellen Norm. Um die jetzt geweckten Kundenerwartungen zu erfüllen, müssen die Nachahmer Purzelbäume schlagen, weil sie – mit ihren abweichenden Ausstattungen und Kernkompetenzen – erstmal die neue, hochliegende Latte überspringen müssen.

Egal, was Sie tun, Sie müssen darin herausragend gut sein. Es geht aber nicht darum, unendlich lange herumzuentwickeln, um das perfekte Produkt zu erschaffen. Das funktioniert nicht, denn dieses Produkt würde niemals auf den Markt kommen. Doch wenn man innoviert, dann mit dem Anspruch auf Exzellenz. Das gilt für das Forschen, die Entwicklung, beim Vermarkten usw. Nur wenn man sich der Innovation mit Haut und Haaren verschreibt und wirklich sein Bestes oder besser noch mehr gibt, hat man eine Chance mit der Innovation. So unterscheiden sich auch die guten Mitarbeiter von den exzellenten – die exzellenten wollen mehr und geben sich mit gut nicht zufrieden. Und diese Leute braucht man für Innovation.

Falls Sie in Ihrer Nische nicht Leader sein können, dann definieren Sie die Nische eben um! Machen Sie sie spitzer, spezialisieren Sie sich.

Wenn möglich, lassen Sie die Finger von Commodity-Produkten und halten Sie Ihre Innovationspipeline gut gefüllt, denn das ist Ihre Munitionsfabrik für den Kampf um Ihre Vorherrschaft.

Hüten Sie sich vor der Follower-Strategie, sie ist gefährlich! Es ist keine große Überraschung, dass der Wettbewerb auch um die hinteren Plätze – milde ausgedrückt – härter wird. Folgen können andere besser als Sie! Es gibt immer jemanden, der Ihr Produkt noch billiger produzieren kann. Gerade in den westlichen Ländern haben wir längst nicht mehr den Spielraum, uns auf dem globalen Markt – und sehr viele Branchen spielen heute ein weltweites Spiel – nachhaltig als Follower halten zu können. Außerdem erzeugt die Follower-Strategie im Unternehmen ein Follower-Denken, das nur sehr schwer in ein Innovation-Leader-Denken transformierbar ist. Follower zu sein bedeutet, den Hindernislauf der Innovation abzukürzen bzw. zu umgehen. Wenn Sie das häufig machen, denken Sie, dass Sie dann die nötige Kondition, Erfahrung und Einstellung für etwas wirklich Neues aufbauen?

● ●

KEY TAKE-AWAYS

➜ Streben Sie bei Innovationen auf allen Ebenen nach Exzellenz, und zielen Sie, wo immer es möglich ist, auf Innovationsführerschaft ab. Falls dies in Ihrer Branche schwierig ist, konzentrieren Sie sich auf Nischen (schaffen Sie wenn nötig neue Nischen), in denen Sie die Nase vorne haben. Geben Sie den Ton an, und spielen Sie die Vorteile der ersten Position voll aus.

➜ Lassen Sie sich nicht blenden, und stellen Sie sich der Herausforderung der Innovation. Auf dem bequemeren und vermeintlich risikoärmeren Weg des Followers tummeln sich schon viel zu viele. Vorne haben Sie ausreichend Platz, sich zu bewegen, und wer sich bewegt, trainiert auch seine Innovationsmuskeln.

● ●

Eine Vision wird Realität – Über Sehnsucht, Meer und Konsequenz

„Wer Visionen hat, braucht einen Arzt!" Stimmen Sie dem zu? Wie sieht's mit Ihren Kollegen aus? „Vision? Ist das nicht der Zettel mit den zehn nichtssagenden Gutmensch-Geboten, der alle zwei Jahre als Poster ausgedruckt in den beleuchteten Schaukästen am Gang und in der Kantine ausgetauscht wird?"

In vielen Unternehmen wird die Vision nicht als das mächtige Werkzeug erkannt, das sie tatsächlich ist. Schade eigentlich! Denn auf dem Weg zum Innovationsführer ist eine gute Vision wie ein Leuchtturm, der Ihrer gesamten Firma – besonders bei rauer See – täglich die richtige Richtung weist. Und diese vielen täglichen Entscheidungen sind letztendlich dafür ausschlaggebend, ob Sie Ihr Ziel erreichen oder nicht. Innovationsführerschaft ist die Königsdisziplin und vorne zu bleiben eine enorme Herausforderung. Also verschenken Sie dieses wertvolle Hilfsmittel nicht und stellen Sie sich und Ihrer gesamten Firma das Ziel klar sichtbar vor Augen! Vergeben Sie nicht die Möglichkeit, die Mitarbeiter für ein gemeinsames Ziel (es muss hoch gesteckt sein!) zu begeistern und sie darauf einzuschwören. Oder wie es Michel de Montaigne[5] ausdrückt: „Kein Wind ist demjenigen günstig, der nicht weiß, wohin er segeln will."

Nun drängen sich sofort zwei Fragen auf: Was soll in einer Vision drin stehen, und wie schafft man es, dass sie auch zum gewünschten Zugpferd und nicht zu einer wirkungslosen Fleißaufgabe wird?

Setzen Sie Visionen sehr sparsam ein. Eine Vision soll beschreiben, wo das Unternehmen in fünf bis zehn Jahren stehen soll. Verwenden Sie Visionen niemals für Detailthemen. „Wir wollen die neue Anlage bestmöglich auslasten", „Unsere Verkaufsorganisation soll optimiert werden", „Wir wollen die Reklamationsrate für unser Produkt XY sen-

---

[5]   Französischer Schriftsteller und Philosoph (1533–1592).

ken" sind keine guten Visionen. Konzentrieren Sie sich auf den großen Wurf, und stecken Sie sich ein inspirierendes – beinahe utopisches – Ziel. Nehmen Sie zum Beispiel John F. Kennedys mutige Rede, als die Russen bereits den Kosmonauten Juri Gagarin ins All gebracht hatten: „Wir haben uns entschlossen, zum Mond zu fliegen. Nicht weil es leicht wäre, sondern gerade weil es schwer ist, weil diese Aufgabe uns helfen wird, unsere besten Energien und Fähigkeiten einzusetzen und zu erproben, weil wir bereit sind, diese Herausforderung anzunehmen und … beabsichtigen, zu gewinnen." So klingt eine Vision! Legen Sie die Latte hoch, und malen Sie ein begeisterndes Ziel an die Wand: „Bis 2020 bringen wir drei neue Produkte auf den Markt, verdoppeln unseren Umsatz und steigern unsere Profitabilität um 40 Prozent!" Eine Vision soll nicht mit einer einzelnen Anstrengung oder einem Event erreichbar sein, sondern einen Prozess auslösen, der zum Ziel führt. Das Ziel „Ich will einen neuen Haarschnitt" ist mit einem Friseurbesuch abgetan. „Ich will bis zum Sommer einen knackigen Beachbody" schickt Sie dagegen – besonders wenn Sie weit von diesem Ziel entfernt sind – auf einen längeren und anstrengenden Weg. Vergessen Sie nicht: Innovation ist ein Hindernislauf und kein Spaziergang (siehe das gleichnamige Kapitel), also sollten Sie mit Ihrer Vision das weit entfernte, anspruchsvolle Ziel anpeilen, bei dem der Weg dorthin vorher meist nicht sichtbar ist. Zielen Sie nicht mit voller Kraft auf den nächsten Spatz in der Hand, Visionen zielen auf die fetteste Taube auf dem höchsten Dach!

Eine gute Vision gibt es nicht. Es gibt nur exzellente, mitreißende und superklare Visionen. Wo wollen wir hin? Was wollen wir erreichen? Einer Vision muss man sich mit Haut und Haar und voller Kraft verpflichten. Man muss sich hineinfühlen und davon die aktuellen Handlungen (auf allen Hierarchieebenen) leiten lassen. Eine Vision WIRD wahr! Wird sie es nicht, dann war es nur ein wertloses Stück Papier, das in einem Akt der Zeitverschwendung erstellt wurde und die

Mitarbeiter daran erinnert, in einem inkonsequenten Unternehmen zu arbeiten, das selbst nicht an sein Potenzial glaubt. Deshalb ist es so wichtig, Visionen KONSEQUENT anzustreben und umzusetzen. Man überlegt sorgfältig, wo die Reise hingeht und wann man dieses Ziel erreicht haben wird.[6] Eine Vision muss ganz klar definiert sein, sonst versteht jeder etwas anderes. Und sie muss mindestens attraktiv, besser noch begeisternd und mitreißend sein, damit sie ihre Wirkung entfalten kann.

Eine Vision beeinflusst täglich viele kleine und große Entscheidungen des Unternehmens. Sie schwebt über jedem Meeting, über allen Gesprächen und ist ständig in den Köpfen der Mitarbeiter präsent. Sie wird häufig als Referenz in Diskussionen verwendet und ist ein Totschlagargument. Es gibt das vielfach zitierte Sprichwort von Antoine de Saint-Exupéry: „Wenn Du ein Schiff bauen willst, dann trommle nicht Männer zusammen um Holz zu beschaffen, Aufgaben zu vergeben und die Arbeit einzuteilen, sondern lehre die Männer die Sehnsucht nach dem weiten, endlosen Meer." Eine Vision bringt die Mitarbeiter dazu, selbstständig heute das zu tun, was für die Zukunft des Unternehmens wichtig ist. Doch ein Schiff zu bauen, ist für Ihre Vision höchstwahrscheinlich zu wenig herausfordernd. Ein Schiff bauen können viele. Wo wollen Sie stehen? Auf dem nächsten Hügel oder auf dem Mount Everest?

Gute Visionen sind kurz und prägnant. Sie bestehen vielleicht aus einem Slogan und eventuell ein paar (am besten drei, maximal fünf, damit man sie sich noch merken kann) Leitsätzen dazu. Das Wording ist unheimlich wichtig, nehmen Sie sich ruhig Zeit dafür. Visionen sollten ein klares Bild vor dem inneren Auge erzeugen. Viele Firmen verwenden auch griffige Slogans, die im Idealfall nicht nur ein Marketinggag sind, sondern die Quintessenz einer echten Vision darstellen. Eine exzellente, in einen Satz destillierte Vision ist beispielsweise das

---

[6]   Beachte: In diesem Satz gibt es keinen Konjunktiv.

Motto der voestalpine AG[7] „one step ahead". Dieser Satz ist kein Werbegag, sondern Grundlage zahlreicher mutiger Entscheidungen des Unternehmens. Durch konsequentes Umsetzen der Vision hat sich die voestalpine AG von einem (Fast-)Follower zu einem Innovationsführer in zahlreichen Sparten entwickelt. Glauben Sie, ein Zettel Papier mit ein paar Zeilen Text, der in einer Schublade eines Vorstandsschreibtischs langsam vergilbt, hätte die gleiche Wirkung gehabt?

Machen Sie Ihre Vision bekannt! Machen Sie daraus kein Geheimdokument. Es reicht nicht, sie einmal in den Abteilungsmeetings zu verkünden und dann Poster aufzuhängen, die man sowieso nach kurzer Zeit nicht mehr wahrnimmt. Zeigen Sie bei jeder Entscheidung, dass die Vision für Sie ein wichtiger Handlungsleitfaden ist, und weisen Sie bei der Kommunikation auf den Zusammenhang der Entscheidung mit der Vision hin: „Wenn wir wirklich – wie in unserer Vision angestrebt – Innovationsführer werden wollen, dann müssen wir in diesem Bereich mehr Know-how aufbauen / konzentrieren wir uns nur auf anspruchsvolle Produkte / müssen wir unsere Kunden besser verstehen." Hinterfragen Sie Vorschläge Ihrer Kollegen und Mitarbeiter auf Visionskonformität. Zeigen Sie die Alltagsrelevanz Ihres angestrebten Ziels. Außerdem ist das Controlling der Vision wesentlich. Werfen Sie in regelmäßigen Abständen mit Ihren Mitarbeitern einen Blick darauf, bewerten Sie gemeinsam, in welchen Bereichen Sie Ihrem Ziel bereits näher gekommen sind, und schieben Sie ordentlich an, wo es nötig ist.

Die Vision beschreibt das weit entfernte Ziel, eine Strategie beschreibt den Weg dorthin. Innovationsarbeit ist wie Wandern im dichten Nebel mit vielen Stolperfallen. Man kann immer nur den nächsten Schritt planen, tastet sich vorsichtig weiter vor und muss den oft im letzten Moment aus dem Nebel auftauchenden Hindernissen gekonnt ausweichen. Die Vision dient dabei als Leuchtturm, dessen kraftvolles

[7] www.voestalpine.com.

Leuchtfeuer hin und wieder durch den Nebel dringt und eine Orientierung Richtung Ziel ermöglicht.

Eine Vision darf – ähnlich einer Strategie – nicht zu häufig geändert werden. Erstens verliert sie dann an Kraft, zweitens gelten Sie als wankelmütig, und drittens beginnen die Mitarbeiter durch die häufigen Richtungswechsel zu rotieren.

● ●

KEY TAKE-AWAYS

➡ Eine Vision wirkt für Ihr Unternehmen wie ein Katapult, das Sie an die Spitze bringen wird. Entfesseln Sie diese Kraft, indem Sie sowohl beim Erstellen als auch beim Umsetzen und Monitoren der Vision mit äußerster Konsequenz vorgehen.

➡ Eine Vision muss sehr klar, herausfordernd und begeisternd sein. Nehmen Sie sich Zeit für die Formulierung der Vision, das Wording ist unheimlich wichtig. Kommunizieren Sie die Vision häufig, leben Sie die unumstößliche Überzeugung täglich vor und überzeugen Sie dadurch Ihre Mitarbeiter, eigenmotiviert Ihre volle Kraft einzubringen.

● ●

Schuster, bleib bei deinem Leisten –
Wenn du etwas machst, dann richtig

Die Wiese des Nachbarn ist immer grüner. Und es kommt noch schlimmer: Seine Kirschen sind nämlich auch noch süßer! Paradiesische Zustände, wirklich verlockend! Ähnlich geht es uns oft bei der Analyse neuer Geschäftsfelder. Schließlich gehört es zur Pflicht jedes Unternehmens, sich ständig nach neuen Wachstumsmöglichkeiten umzusehen. Man liebäugelt also mit einer neuen Branche, wirft einen schnellen verklärten Blick von außen darauf und denkt sich: „Mann, was für ein Markt! Tolle Geschäftschancen, großes Wachstumspotenzial, saftige Margen, kaum Konkurrenz! Wenn wir da einsteigen, dann würden wir so richtig absahnen! Jetzt bloß keine Zeit verlieren!"

Doch lassen Sie uns einen näheren Blick riskieren. Je näher man kommt, desto blasser wird nämlich oft des Nachbars Wiese, und auch seine Kirschen sind bei näherer Betrachtung nicht alle wurmfrei. Verheißungsvolle fremde Branchen und Geschäftsfelder entpuppen sich nicht selten als heiß umkämpfte Märkte, bei denen man nur mitspielen kann, wenn man den anderen eine ordentliche Nasenlänge voraus ist. Und das ist als Neuling eine ordentliche Herausforderung.

So manche Firmen-Segler sind an den Klippen unbekannter Geschäftsfelder regelrecht zerschellt. Wenn man die halbe Mannschaft des Unternehmens in fremdes Gebiet schickt, um dort nach Gold zu schürfen, kann man entweder sein Glück finden oder eine unglaubliche Menge an Ressourcen verschwenden und vielleicht sogar daran zugrunde gehen. Andererseits, wenn man in einem Gebiet sitzt, dem langsam die Rohstoffe ausgehen – z.B. weil der eigene Zielmarkt stückweise wegbricht oder günstigere Anbieter mit gleichwertigen Produkten auf den eigenen Markt drängen –, sollte man rechtzeitig Erkundungstrupps losgeschickt haben, da die Besiedlung neuer Gebiete natürlich nicht von heute auf morgen vonstattengeht.

Die Gretchenfrage bei der ganzen Sache ist die: Auf welche neuen Geschäftsfelder sollten Sie setzen? Stellen Sie sich einfach folgende Fragen: Warum sollten gerade wir dort einsteigen? Was können wir, was andere nicht können? Haben wir das Zeug dazu, in der neuen Branche eine außergewöhnliche Lösung anzubieten? Können wir Innovationsführer werden?

Meißeln Sie sich folgenden Satz in die Wand Ihres Büros:

Wenn man in ein neues Geschäftsfeld einsteigt, dann muss man immer einen exzellenten Grund dafür haben!

Erliegen Sie nicht der Verlockung vermeintlicher Quick Wins, bei denen wir meinen, in einem Feld schnell einen Erfolg mitnehmen zu können, obwohl unsere Kompetenz nicht exzellent, sondern einfach nur gut ist. Leider stellt sich dann nämlich meistens heraus, dass der Aufwand und das Risiko brutal unterschätzt wurden. Klar, auf diesem Markt haben wir ja auch wenig Erfahrung, und Marktmechanismen erkennt man oft erst dann, wenn man bereits mittendrin ist. Und auch die Mitbewerber sind oft viel mehr und weit gefährlicher als auf den ersten Blick. Und plötzlich werden gesetzliche Rahmenbedingungen und Normen relevant, die wir bisher gar nicht kannten. Und das Schlimmste: Ihr Angebot ist nicht mit Abstand besser als das der Mitbewerber, sondern vielleicht nur ein wenig besser oder gar gleich gut. Wenn es um Innovationen geht, ist gut zu sein aber zu wenig (siehe Kapitel „Eine Innovation muss begeistern – Entlocke dem Markt ein WOW!")! Solch ein Ausflug frisst unglaublich viele Ressourcen, hat oft nur geringe Aussicht auf Erfolg, aber gleichzeitig das Potenzial, das gesamte Unternehmen auf allen Hierarchieebenen durchzuschütteln, so dass es allein beim Wort „Innovation" auf Jahre hinaus das große Zittern bekommt. Es gibt nicht wenige Firmen, auf deren Grabstein steht: „Dieses arme Unternehmen erlag einem gutgemeinten, aber unüberlegten Ausflug in fremdes Gewässer."

Das soll natürlich keinesfalls heißen, Sie sollen immer genau das machen, was Sie bisher gemacht haben. Fette Cash Cows von heute verwandeln sich in knochige alte Rinder von morgen und alle existierenden Geldquellen versiegen irgendwann. Es ist Ihre Pflicht, die Innovationspipeline voll zu halten und sich regelmäßig nach neuen Wachstumsmöglichkeiten umzusehen. Aber um in ein neues und unbekanntes Terrain vorzudringen, muss es einen wirklich guten Grund geben. „Wir sind geeignet dafür, weil nur wir die nötigen Kompetenzen und Ressourcen haben! Wir können ein herausragendes Produkt deutlich besser als alles, was der Markt bisher gesehen hat, zustande bringen!" Dann nichts wie ran an den Speck! Das sind wahrlich gute Gründe. Aber „dort kennen wir uns ja auch ein wenig aus, und wir könnten ja auch Maschine XY dafür zweckentfremden" ist definitiv kein Grund. Entwickeln Sie sich schrittweise weiter, machen Sie niemals zwei oder mehr Schritte auf einmal. Wer zwei Schritte auf einmal macht, fällt meist schmerzhaft auf die Nase. Aber: Wenn Sie gut sind – und die Erfahrung wächst – wird natürlich auch Ihre Schrittweite anständig wachsen, und Ihre anfänglichen Zwergenschritte werden zu Riesenschritten, mit denen Sie mit beachtlichem Tempo vorankommen.

● ●

KEY TAKE-AWAYS

→ Halten Sie ständig Ausschau nach Wachstumsmöglichkeiten mit neuen Produkten, in neuen Anwendungen, nach neuen Märkten und Geschäftsfeldern.

→ Lassen Sie sich aber nicht von vermeintlichen Quick Wins in unbekanntes Terrain locken. Wenn Sie etwas machen, dann müssen Sie einen guten Grund dafür haben. Sie müssen Ihre Stärken voll ausspielen können. Ziel muss es immer sein, im neuen Gebiet ebenfalls Innovationsführerschaft und Exzellenz anzustreben (siehe Kapitel „Vorne ist immer Platz – Gut sein ist zu wenig").

→ Wenn Sie neues, unbekanntes Innovationsland (z.B. einen völlig neu-
en Markt) betreten, dann machen Sie niemals mehr als einen Schritt
auf einmal, um nicht zu stolpern. Wie groß aber Ihre Schrittweite ist,
hängt natürlich von Ihrer Erfahrung und Expertise ab.

Eine Innovation muss begeistern – Entlocke dem Markt ein WOW!

Lassen Sie uns einen Test machen. Sie haben zehn Sekunden Zeit, um die folgende Frage zu beantworten:

Warum soll der Kunde gerade Ihr Produkt kaufen?

Nicht einfach weiterlesen, beantworten Sie die Frage wirklich! Sehr gut! Welche Worte waren in Ihrer Antwort enthalten:

→ Kategorie A): etwas besser als …, außerdem noch …, ein wenig …
→ Kategorie B): deutlich besser, viel billiger, großer Vorteil
→ Kategorie C): einzigartig, das Beste, riesen Vorteil, nur bei uns

Sagen Sie uns, in welcher Kategorie Sie liegen, und wir sagen Ihnen, ob Sie auf dem Weg zum Innovationsführer (oder bereits dort) sind. Natürlich ist das äußerst plakativ, aber es verdeutlicht einen wichtigen Punkt, der zwar irgendwie klar ist, aber – wie das bei Innovation oftmals so ist – in der Praxis dann doch wieder mit verschiedensten Ausreden vernachlässigt wird:

Eine Innovation braucht einen deutlichen Innovationsabstand!

Warum soll Ihr Kunde bei Ihnen kaufen, wenn es doch auch Alternativangebote gibt? Weil Ihr Produkt ein wenig besser und etwas billiger ist? Jeden Tag steht doch ein Dummer auf, irgendwen wird Ihr Produkt ja wohl interessieren? Vergessen Sie's, so funktioniert das nicht. Damit Ihr Produkt für die Kunden interessant wird, muss es DEUTLICH besser sein. Sie müssen sich wirklich – und zwar aus Kundensicht – von den Alternativen abheben, damit Sie einen Kunden zum Wechsel auf Ihr Produkt überzeugen können. Starten Sie niemals Projekte, bei denen Produkte rauskommen, die nur ein wenig besser sind.

Wir sind schon längst kein Verteilermarkt mehr, der von allgegenwärtiger Knappheit dominiert wird und in dem ein halbwegs vernünftiges Produkt mit leistbarem Preis fast von selbst seine Abnehmer findet. Es herrscht in fast allen Branchen ein massives Überangebot, durch die fortschreitende Globalisierung steigt die Zahl der Mitbewerber fast schon exponentiell, und das wird sich in naher Zukunft noch weiter verschärfen. Auch Werbung ist längst kein Allheilmittel mehr. Die Zeiten, in denen man durch eine Werbekampagne schnell mal den Umsatz ankurbeln konnte, verblassen längst im Fotoalbum. Klar müssen Sie Ihr Produkt bekannt machen, und das über die für Sie sinnvollen Kanäle, aber verstehen Sie das noch nicht als Verkaufsförderung, es ist in vielen Produktkategorien gerade mal die Eintrittskarte, um mitspielen zu dürfen.

Ihr Produkt muss sich also deutlich von den Alternativangeboten der Konkurrenz abheben. Nur was bedeutet das? Um deutlich besser zu sein, bietet Ihr Produkt idealerweise bei einem Produktmerkmal eine signifikant attraktivere Ausprägung als die Mitbewerberprodukte. Dieses Merkmal kann natürlich auch der Preis sein. Nehmen wir an, Sie wären der einzige Hersteller, der das Produkt in einem automatisierten kontinuierlichen Prozess herstellen kann, während sich Ihre Mitbewerber noch mit diskontinuierlichen Fertigungsschritten herumquälen. Dann ist Ihr Produkt idealerweise deutlich billiger und daher für den Kunden attraktiv. Als Innovationsführer sind es aber häufig andere Differenzierungsmerkmale als der Preis, da dies zu einer abwärtsdrehenden Preisspirale führen wird, bei der Sie üblicherweise in einem Hochlohnland (mit hohen Energiekosten, umfangreichen Vorschriften bezüglich Arbeitssicherheit und Umweltschutz, eingebettet in einem sich durch Bürokratieverteidigung selbst rechtfertigenden amtlichen Umfeld) schlechte Karten haben.

Das herausragende Merkmal Ihres Produktes muss auch nicht unbedingt eine Produkteigenschaft (z.B. die Streckgrenze eines Stahls, der

Verbrauch eines Fahrzeugs, die Helligkeit einer Taschenlampe …)
sein, es kann genauso gut eine Funktion sein, die bisher noch kein anderes Produkt erfüllen kann. Warum kann sich Ihr Geschirrspüler
eigentlich nicht selbst ein- und ausräumen? Das wäre technisch durch-
aus möglich und irgendwie doch auch reizvoll. Sie werfen Ihr schmut-
ziges Geschirr einfach in eine Öffnung in Ihrer Küchentheke, es wird
dann automatisch zur Geschirr-Reinigungsmaschine (wer sagt eigentlich, dass die in der Küche stehen muss?) gebracht, gereinigt, getrock-
net und entweder sortiert ausgegeben oder gleich in Ihrer Küche wieder eingeräumt. Geht nicht? Wollen wir wetten?

Das Merkmal, das Ihr Produkt signifikant von der Konkurrenz ab-
hebt, muss für den Kunden hohe Relevanz haben. Wenn Sie die
Gummimatte im Fußbereich eines Fahrzeugs feuerfest ausführen,
wird es die Kunden wohl kaum vom Hocker reißen, genauso wenig
wie die Zugfestigkeit eines Bleistifts. Ihr Produktmerkmal muss dem
Kunden einen echten Nutzen bieten, und zwar einen, den er auch
wirklich brauchen kann. Wenn Sie eine Krawatte mit Bierhalter erfunden haben, dann ist die Nützlichkeit Ihrer Erfindung wohl auf
Spaßmacherei beschränkt. Hüten Sie sich davor, Produktmerkmale zu
optimieren, die für den Kunden wenig Relevanz haben, denn sonst
tappen Sie in die häufig zitierte Over-Engineering-Falle. Und denken
Sie ruhig über technische Produktmerkmale hinaus. Ein 24h-Service,
Verlässlichkeit und Pünktlichkeit können beispielsweise Ihr Produkt
ebenfalls wesentlich attraktiver machen.

Wenn Sie in einem – für den Kunden relevanten – Produktmerk-
mal wesentlich besser als die Alternativprodukte sind, dann haben Sie
Ihren USP[8]. Und eine ansehnliche Sammlung echter USPs ist Ihr
Steigbügel zur Innovationsführerschaft.

Und versuchen Sie nicht, bei zu vielen Produktmerkmalen die Nase
deutlich vorne zu haben. Das ist wesentlich schwerer zu kommunizie-

---

[8]   Unique Selling Proposition – Alleinstellungsmerkmal.

ren (siehe Kapitel „Tue Gutes und rede darüber – Kommuniziere einfach"), und der vielleicht hohe Entwicklungs- oder Produktionsaufwand wird vom Kunden weder erkannt noch goutiert. Im schlimmsten Fall verwirren Sie ihn, und Ihre Fleißaufgabe geht nach hinten los. Als Paradebeispiel wünscht sich zwar jeder die eierlegende Wollmilchsau, doch würden wir in der Realität wohl zunächst doch eher zur kaffeegebenden Kuh greifen.

KEY TAKE-AWAYS

→ Damit Ihr Produkt für die Kunden interessant wird, muss es – aus Kundensicht – DEUTLICH besser sein. Das bedeutet, dass es in mindestens einem Produktmerkmal wesentlich besser oder gar einzigartig im Vergleich zu Alternativprodukten ist.

→ Dieses Produktmerkmal muss für den Kunden wirklich relevant sein, damit es ein USP werden kann. Stecken Sie keine Energie in die Optimierung von Produktmerkmalen, die für den Kunden nur wenig Bedeutung besitzen.

→ Seien Sie nicht in zu vielen Produkteigenschaften führend, das ist ein riesen Aufwand und lässt sich oft schwer kommunizieren. Häufig reicht es, wenn Sie in ein bis zwei Eigenschaften wesentlich besser, in den anderen Eigenschaften aber gleichauf mit der Konkurrenz sind.

→ Machen Sie eine Liste mit USPs in Ihrem Produktportfolio. Überlegen Sie, welche Projekte in Ihrer Innovationspipeline zu weiteren USPs führen. Setzen Sie alle nötigen Maßnahmen, um Ihre Liste immer weiter zu auszubauen.

Kenne dein Fenster – Der richtige Zeitpunkt ist entscheidend

Der richtige Zeitpunkt entscheidet bei einer Innovation über Leben und Tod. Für die Geburt jeder Innovation gibt es ein ideales Zeitfenster, das je nach Branche unterschiedlich lange offen ist. Halten Sie sich vor Augen, dass es für die Einführung einer Neuheit sowohl zu früh als auch zu spät sein kann. Das richtige Timing ist oft genauso wichtig wie die Innovation selbst. Die Schwierigkeit dabei ist es, zu erkennen, wann sich dieses Markteintrittsfenster öffnet und wann es sich wieder schließt.

Klar einsichtig ist das Risiko, eine Innovation zu früh anzustreben. Es gibt ganze Listen an Erfindern, die auf ihren Ideen sitzengeblieben sind und sich wahrscheinlich im Grabe umgedreht haben, als andere (oft viele) Jahre später ihre Idee in Form einer Innovation in ein goldenes Füllhorn verwandelt haben. Von der Dampfmaschine (wurde eigentlich von Thomas Newcomen erfunden und von James Watt nur verbessert) über die Glühlampe (wurde nicht von Thomas Edison erfunden, sondern von ihm nur weiterentwickelt) über Kaffeemaschinen (Nespresso legte einen äußerst holprigen Start hin) bis zu sozialen Netzwerken (Facebook war längst nicht der Anfang) – viele erste Anläufe waren nicht erfolgreich, und manchmal blieben die Erfinder dran und verbesserten selbst ihr Produkt, manchmal traten auch andere in ihre Fußstapfen. Zu früh zu sein hat viele unterschiedliche Gründe, wenn z.B.

→ die für die Entwicklung oder Herstellung der Innovation erforderlichen Technologien noch nicht vorhanden sind oder ausreichend beherrscht werden (z.B. bei den Fluggeräten von Leonardo da Vinci),

→ die Innovation selbst noch nicht ausgereift ist und damit die Kunden nicht überzeugen kann,

→ wenn die Innovation ein Problem löst, das erst in Zukunft für den Kunden wirklich relevant werden wird,

39

→ die nötige Infrastruktur noch fehlt (Denken Sie an Tankstellen für Elektro- oder gar Wasserstoffautos),

→ der Markt dafür noch nicht reif ist (Fast allen Innovationen wurde zunächst mal mit Ablehnung begegnet, und nach wie vielen technischen Annehmlichkeiten sind wir heute förmlich süchtig, bei denen die Generationen vor uns noch lächelnd den Kopf geschüttelt haben?),

→ das eigene Unternehmen nicht dafür bereit ist, da die Ressourcen und Geschäftsprozesse für diese Innovation noch nicht fit sind.

Alle diese Faktoren müssen bedacht werden, wenn Sie mit der Entwicklung einer Innovation starten. Es muss nicht alles zum Startzeitpunkt gegeben sein, aber diese Hürden sollten zumindest in absehbarer Zeit fallen. Es spricht aber prinzipiell nichts dagegen, auch Produkte im Köcher zu haben, deren Zeit noch nicht gekommen ist, um dann, sofern sich die Randbedingungen verbessern, ohne Zeitverzug auf den Markt zu drängen.

Es gibt umgekehrt aber auch mehrere Gründe, warum man mit einer Markteinführung nicht zu lange warten darf. Dabei denkt man natürlich sofort an einen gesättigten Markt, bei dem man sich als letztfolgender Mitspieler kein Stück vom Kuchen mehr abschneiden kann. Es gibt aber noch eine Menge weiterer Probleme, die eine späte Markteinführung mit sich bringen kann: Als später Markteinsteiger kann man bei der Entwicklung der Innovation nicht mehr mit den besten Kunden/Partnern kooperieren. Als Erster oder Zweiter kann man das Produkt mit den Kunden gemeinsam entwickeln, gemeinsam lernen, die Produktion langsam hochlaufen lassen und vielleicht sogar das neue Produkt als Norm etablieren (als netten Gruß und Markteintrittsbarriere für die Follower).

Unsere Empfehlung kennen Sie bereits: Bleiben Sie möglichst vorne dabei, Ihr Ziel ist schließlich Innovationsführerschaft! Auch wenn Sie sich vielleicht einmal verschätzt und sich tatsächlich etwas zu früh auf den Markt gewagt haben, müssen Sie ja nicht gleich die Flinte ins Korn werfen und das Projekt anderen überlassen! Gerade dann sollten Sie an der Sache dran bleiben, die Aktivitäten zum Markteintritt erstmal zurückfahren und genau analysieren, welche Faktoren derzeit noch unzureichend erfüllt sind. Falls Sie diese Hindernisse nicht aus eigener Kraft überwinden können, dann beobachten Sie, wann sich der Wind zu Ihren Gunsten dreht. Dann schnellen Sie wie eine Spinne aus dem Versteck und wickeln Ihre Beute ein.

Für das richtige Timing ist es absolut wichtig, die Ressourcen angemessen zu dosieren. Es ist immer besser, zu früh dran zu sein. Besetzen Sie Ihr Thema, sichern Sie sich die wichtigsten Patente und arbeiten Sie sich in Ihr Zielgebiet ein. Sie müssen aber noch nicht sofort voll aufs Gas steigen. Wenn die Zeit noch nicht reif ist, lieber noch abwarten. Das Projekt auf sehr kleiner Flamme dahinköcheln lassen, nicht darüber reden (siehe Kapitel „Schütze deine zarten Pflänzchen – Forsche im Verborgenen"), warten und die Augen offen halten. Die einen oder anderen ungestümen Wettbewerber haben dann vielleicht, weil sie zu gierig sind, schon ihr Pulver verschossen und das Projekt endgültig zu Grabe getragen. Lieber langsam Wissen aufbauen, und wenn man erkennt, jetzt ist der richtige Zeitpunkt, dann aus der Pole Position starten. Mit den richtigen Leuten, einer soliden Wissensbasis, starken Patenten, schnellen Entscheidungen und ausreichenden Ressourcen kann man blitzschnell beschleunigen und ist damit sicherlich Erster auf dem Markt. Ein Produkt vollkommen fertig zu entwickeln und dann festzustellen, dass der Markt noch nicht reif ist, ist hingegen nicht die schlauste Methode.

Das Ziel muss ganz klar darin bestehen, ein exzellentes Produkt zu haben und dieses als Erster erfolgreich in einem Markt einzuführen. Diese zeitliche Komponente ist ganz wesentlich. Nicht umsonst besteht eine von uns verwendete Definition zur Messung des Innovationsgrads eines Produktes aus zwei Dimensionen:

→ Nutzensprung: Welchen Vorteil hat der Kunde durch das neue Produkt im Vergleich zu alternativen Angeboten?

→ Pionierstatus: Wie viele andere Anbieter bieten Alternativprodukte an, und sind wir bei diesem Produkt Technologieführer? (Wenn man die Technologieführerschaft für eine innovative Technologie für sich beanspruchen kann, lässt sich das als Marketingargument natürlich trefflich nutzen.)

Beide Faktoren müssen gegeben sein, damit eine echte Innovation entsteht: Das beste Produkt ist keine Innovation, wenn man bereits eine Vielzahl von gleichwertigen Alternativen erwerben kann. Umgekehrt bringt es nichts, als Erster ein nutz(en)loses Produkt anzubieten.

• •

KEY TAKE-AWAYS

→ Man kann mit der Einführung einer Innovation sowohl zu früh, als auch zu spät sein. Fragen Sie sich: Welches Zeitfenster haben wir für unsere Innovationen zur Verfügung, wodurch wird der Beginn und wodurch das Ende bestimmt? Berücksichtigen wir dieses Fenster bei der Planung unserer Innovationsaktivitäten?

→ Zielen Sie, wann immer möglich, auf den Beginn dieses Fensters. Falls Sie zu früh dran sind, lassen Sie sich das Heft nicht aus der Hand nehmen. Bleiben Sie dran, warten Sie ab, und schlagen Sie zu, sobald sich die Gelegenheit bietet! Es ist alles eine Frage der richtigen Dosierung. Sie müssen nicht sofort ein vollständiges Produkt entwickeln. Aber Sie sollten bereit sein, Gas zu geben, wenn sich die Chance auftut.

→ Versuchen Sie nicht, Ihr mögliches Zeitfenster auf den Tag genau zu bestimmen. Eine grobe Schätzung reicht vollkommen, und dann heißt es: Losstarten! Eine Unsicherheit bezüglich des besten Markteintrittszeitpunktes gilt nicht als Ausrede dafür, eine Innovation nicht durchzuziehen!

• •

Die drei Aspekte der Innovation - Idee, Markt und Geschäftsprozesse

Am Anfang steht die Idee. Dann kommen die Forscher und Techniker und entwickelten daraus ein Produkt. Schon ist die Innovation geboren! Oder fehlt da noch was? Ah, natürlich, der Markt! Eine Innovation entsteht ja am Markt. Also muss es auch Kunden geben, die das Produkt kaufen. Denn erst wenn es in der Kasse klingelt, darf man es Innovation nennen. Vorher ist es bestenfalls eine Idee, ein Konzept, eine Invention, ein Produkt, oder wie auch immer Sie es nennen wollen. Aber es gibt noch einen dritten wichtigen Aspekt, der gerne vergessen wird: die Geschäftsprozesse, die nötig sind, um das Produkt in der gewünschten Menge, Qualität, zu den angepeilten Kosten und Terminen herzustellen und zu vertreiben. Und die große Herausforderung ist diese: Sie müssen in allen drei Aspekten der Innovation exzellent sein, um Innovationsführerschaft zu erlangen!

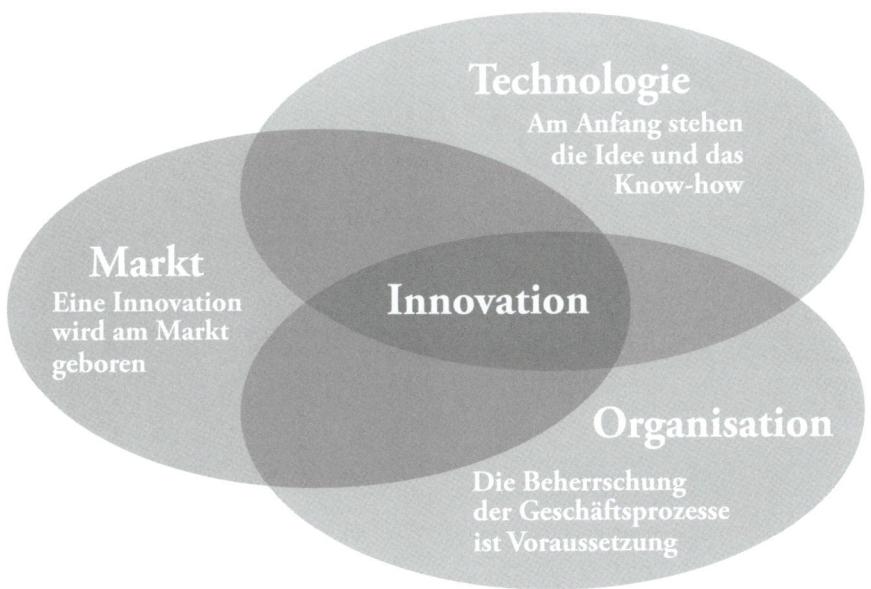

Technologie

Organisation

Markt

Fassen wir also nochmal die drei Grundzutaten im Innovationsrezept zusammen:

→ Man verwandle eine gute Idee in ein tolles und nützliches Produkt (Idee + Technik),
→ mache den Kunden den Mund wässrig (Markt),
→ und stelle es dann qualitätssicher zum richtigen Zeitpunkt in richtigen Mengen her und liefere es aus (Geschäftsprozesse).

Zunächst müssen also die richtigen Ideen her. Soviel ist klar. Da gibt es eine ganze Menge sinnvoller Ansätze, vom rein passiven Ideensammeln bis zum aktiven Generieren der Ideen. Wie man das am besten angeht, hängt stark vom Unternehmen, der Branche und der Art der Projekte ab. Zwei Dinge möchten wir Ihnen aber ans Herz legen: Erstens, Sie brauchen viele Ideen, um die wahren Perlen zu finden. Nach unserer Erfahrung benötigt man ungefähr 100 Ideen, um eine wirklich gute heraussieben zu können. Das heißt, Sie müssen einen Großteil der Ideen ausfiltern bzw. verwerfen – und dabei aufpassen, dass Sie die radikalen Ideen nicht schon im Keim ersticken. Hier stellen Sie eine entscheidende Weiche in Richtung Innovationsführerschaft! Achten Sie darauf, dass Ihre Bewertungskriterien Ideen mit hohem Potenzial, aber auch hoher Unsicherheit nicht um der beruhigten Nerven Willen gleich aussortieren! Im Zweifelsfall führen Sie in dieser frühen Phase des Innovationsprozesses ruhig das Kriterium „Bauchgefühl" ein. Und zweitens, lassen Sie sich nicht davon abhalten, dass sich manche neuen Ideen zunächst etwas verrückt anhören und auf Ablehnung stoßen. Viele heute weit verbreitete Innovationen haben zu Beginn einen Sturm der Entrüstung ausgelöst. Vom Geschirrspüler über den Fernseher bis zum Mobiltelefon. Alle trafen zunächst auf heftigen Widerstand. Das kann man sich heute gar nicht vorstellen, und man fragt sich: Wie verklemmt und zukunftsfeindlich waren die Leute damals eigentlich? Tja, nicht mehr und nicht weniger als wir heute, wenn wir mal nüchtern betrachten, wie wir häufig über Innovationen, die kurz vor dem Durchbruch stehen, denken.

Die Produktentwicklung funktioniert in vielen Unternehmen wirklich gut. Die Forschung und Entwicklung arbeitet oft nach funktionierenden Prozessen, betreibt Projektmanagement, verwendet Simulationssoftware und hat alles, was man so braucht, um aus einer Idee ein gutes Produkt zu machen. Trotzdem ist die Entwicklung von technisch komplexen Produkten alles andere als einfach, und technische Herausforderungen können für Unternehmen enorme Hürden darstellen. Deshalb sind die Forscher und Entwickler idealerweise ausreichend in die Grundlagen ihres Fachbereichs eingearbeitet (siehe Kapitel „Echte Forscher lösen jedes Problem – Viele gute Ideen kommen aus der F&E") und gut im Unternehmen vernetzt (siehe Kapitel „Elfenbeinturm-Forschung funktioniert nicht").

Bei der Markteinführung fangen die Schwierigkeiten oft erst so richtig an. Da gibt es einmal das Problem der Staffelübergabe. Was dabei das Problem ist? Es darf keine Staffelübergabe geben! Das würde nämlich bedeuten, dass zunächst mal im stillen Kämmerlein das Produkt entwickelt wird und dann – der berühmte „Over the Wall Approach" – an die Verkäufer übergeben wird. „Tataaa! Hier hast du ein tolles neues Ding, jetzt verkauf mal schön!" Das machen wirklich nur mehr ganz wenige so. In fast allen Unternehmen ist angekommen, dass man den Markteinführungsprozess parallel zur Produktentwicklung durchführen muss, und oft wird das auch durch Stage-Gate-Prozesse sichergestellt.[9] Trotzdem geht bei der Markteinführung häufig vieles schief, und es scheint, als ob dieser Teil des Innovationsprozesses mindestens ebenso herausfordernd ist wie die Entwicklung des Produktes. Vielleicht liegt das daran, dass Kunden (selbst im B2B-Bereich[10]) letztlich immer Menschen – und damit schwer berechenbar – sind oder

---

[9] Das frühe Einbeziehen von einzelnen Vertretern anderer Abteilungen widerspricht nicht dem Kapitel „Schütze deine zarten Pflänzchen – Forsche im Verborgenen". Man sollte aber darauf achten, dass man die Innovation nicht in einem sehr frühen Stadium einem zu großen Publikum bekanntmacht, um keine schlafenden Killer-Gorillas zu wecken.

[10] B2B = Business-to-Business

dass hier noch oft weniger professionell vorgegangen wird als beim technischen Teil.

Und dann gibt es noch die dritte wichtige Zutat im Rezept: funktionierende Geschäftsprozesse. Ein neues Produkt zu den geplanten Kosten in der angestrebten Qualität termingerecht herzustellen, es zu verpacken und auszuliefern, Rechnungen zu erstellen usw. ist speziell für Start-ups eine Hürde, an der sie häufig scheitern. Und es reicht nicht, diese Prozesse irgendwie abzuarbeiten, sondern auch in diesen Bereichen müssen Sie Exzellenz anstreben. Denn nur wenn Sie rundherum alles richtig machen, kann Ihre Innovation am Markt so richtig glänzen!

Was aus diesen Überlegungen sofort deutlich wird: Innovation kann nicht die Aufgabe der Forschung und Entwicklung allein sein! Man benötigt so gut wie jede Abteilung im Unternehmen, um den gesamten Innovationsprozess erfolgreich zu meistern. Das Problem dabei: Bei der F&E-Abteilung ist es klar, dass sie mithelfen muss, sie ist auch als Projektorganisation aufgestellt und hat damit das perfekte Potenzial, die F&E-Seite in einem Innovationsprojekt zu unterstützen. Bei den übrigen Abteilungen sieht das leider ganz anders aus. Vertrieb, Produktmanagement, Qualitätslenkung, Produktion, Logistik & Co. sind nämlich Diener des Tagesgeschäfts, werden auch danach gemessen und sind in der Regel damit voll ausgelastet, wenn nicht sogar überlastet. Jetzt kommt plötzlich ein Innovationsprojekt daher und verursacht in allen diesen Abteilungen einen Tagesgeschäftfeindlichen Zusatzaufwand! Hier kommen sich zwei wichtige Geschäftsprozesse in die Quere: der Innovationsprozess und der sogenannte Order-to-cash-Prozess! Die Frage ist nun, wie geht eine Organisation mit diesem Phänomen um? Das Wichtigste ist erstmal, dass alle – besonders die Führungskräfte – erkennen, dass Innovation in ALLEN Abteilungen Aufwand verursacht! Niemand darf sich drücken (siehe Kapitel „Innovation lässt sich nicht delegieren – Keiner darf sich drücken")! Nehmen Sie das zur Kenntnis, und überlegen Sie sich, wie Sie in Ihrem Unternehmen auch die Tagesgeschäft-Abteilungen sinnvoll in den Innovationsprozess einbinden können.

●●

KEY TAKE-AWAYS

→ Um erfolgreich zu innovieren, müssen die folgenden Grundzutaten zusammenspielen: Idee, Technik (Produktentwicklung), Markt (Markteinführung) und Geschäftsprozesse (z.B. Produktion, Qualität, Logistik). Als Innovationsführer müssen Sie in allen diesen Bereichen Exzellenz anstreben.

→ Innovation kann niemals Aufgabe der F&E-Abteilung allein sein! Sorgen Sie in einem guten Prozess dafür, dass alle Abteilungen zum richtigen Zeitpunkt in den Innovationsprozess involviert werden, und überlegen Sie sich, wie Sie in Ihrem Unternehmen mit dem Widerspruch zwischen Innovations-Projektgeschäft und Tagesgeschäft umgehen.

●●

Elfenbeinturm-Forschung funktioniert nicht

Wie wir nun wissen, ist Forschung und Entwicklung eine der tragenden Säulen der Innovation. Doch wie stellt man die F&E am besten auf? Gibt es bessere und schlechtere Varianten?

Viele von uns haben die Erfahrung gemacht, dass (besonders in technologielastigen Unternehmen) aus der Forschungsabteilung oft viele gute Innovationsideen kommen. Die logische Schlussfolgerung lautet in manchen Unternehmen daher: „Entkoppeln wir doch die F&E-Abteilung vom Rest des Unternehmens, verfrachten wir die besten Forscher in ein wunderschönes Schloss an einem zauberhaften See, und sie werden – in Abgeschiedenheit, Luxus und Idylle – bestimmt geniale Innovationsideen liefern. Wenn sie von den anderen Geschäftsprozessen abgeschirmt sind, dann können sie sich entfalten und sich dem Schmerz das Tagesgeschäfts entziehen. In dieser völligen Freiheit, ohne Druck und äußere Störungen, beginnen dann die kreativen Säfte so richtig zu fließen. Wir brauchen nur mehr in regelmäßigen Abständen vorbeizuschauen, um die nächsten großen Umsatzbringer abzuholen!" In der Realität manifestiert sich diese Überlegung oft in riesigen F&E-Zentralen, manchmal sogar eigenen F&E-Standorten. Oft hört man dann Sätze wie: „Geforscht? Nein, geforscht wird bei uns hier nicht, wir produzieren und verkaufen nur. Geforscht wird doch in unserem Laborkomplex in Hinterdupfing!" Alleine aus den Überlegungen des vorhergehenden Kapitels ist sofort klar: So funktioniert das leider nicht!

Die Erfahrung zeigt, dass eine zentralisierte Forschung à la Elfenbeinturm, die großteils vom Rest des Unternehmens (bzw. der Welt) entkoppelt ist, keine gute Innovationsperformance liefert. Es ist schon richtig, dass viele exzellente Innovationsideen aus der F&E-Ecke kommen. Aber diese Ideen entstehen meist nicht aus einer isolierten Meditation der Forscher, sondern werden durch eine Vielzahl äußerer Inputs angeregt und befeuert.

Erst die Kombination aus tiefgehendem Grundlagenwissen und neuen Anregungen und Perspektiven bringt einträgliche Innovationsblüten zum Vorschein. Häufig sind es Dinge wie ein neuer Input auf einer Konferenz, ein Gespräch mit einem Kunden, Probleme im Produktionsprozess oder eine Reklamation, die den entscheidenden Anstoß geben.

Deshalb gilt: Vergessen Sie eine zentrale, abgeschottete Forschung! Die Elfenbeinturm-Version der F&E funktioniert nicht. Die F&E-Abteilung muss unbedingt in die anderen Geschäftsprozesse – vor allem in die Produktion und den Vertrieb – eingebunden sein, um tiefes Verständnis für Technologien, Chancen, Möglichkeiten und Marktbedürfnisse zu erhalten. Bei technologisch schwierig herzustellenden Produkten sollte man die F&E sogar räumlich direkt bei der Produktion ansiedeln. Eine Region, die nur noch von F&E und ohne Produktion lebt, ist ein nicht realisierbarer Wunschtraum von Theoretikern.

Natürlich kann eine kleine zentrale F&E-Truppe auch Sinn machen, wenn es um wirklich langfristige Themen – z.B. Trend- und Technologiebeobachtung – geht, aber stellen Sie sicher, dass der Großteil Ihrer Mannschaft von der Nähe zu den Betriebsanlagen profitiert.

Und eines sollten Sie auf keinen Fall machen: lauter gleichgestrickte Forscher einzustellen! Wenn es um Ihr F&E-Team geht, ist Vielfalt angesagt. Es wäre der falsche Weg, in einem Maschinenbauunternehmen nur Maschinenbauer, bei einem Werkstoffproduzenten nur Materialwissenschaftler etc. einzusetzen. Mischen Sie Physiker, Chemiker, Mechatroniker, Elektrotechniker, Maschinenbauer usw. bunt durcheinander, um echtes Synergiepotenzial zu heben. Und achten Sie darauf, genügend Frauen an Bord zu haben. Gerade in der F&E ist diese Diversität sehr wichtig! In manchen Fällen – und wenn Sie sehr mutig sind – kann es sogar förderlich sein, Nicht-Techniker in die F&E-Abteilung aufzunehmen.

••

KEY TAKE-AWAYS

➜ Lassen Sie nur dort forschen, wo auch produziert wird! Eine dezentrale F&E bringt wesentlich mehr Innovationsideen hervor als die Elfenbeinturm-Version einer isolierten zentralen Organisation. Ihre F&E muss im Unternehmen gut vernetzt sein und die Herausforderung und Probleme der Kunden sowie anderer Geschäftsprozesse genau kennen.

➜ Mischen Sie Ihr F&E-Team bunt durch! Verschiedene Fachrichtungen, Nationalitäten und Geschlechter liefern verschiedene Sichtweisen, und das ist ein Turbo für die Innovationsarbeit.

••

Zu viele Regeln zerstören die Innovationskraft – Kreativer Freiraum versus Fokus

Innovation erfordert den Spagat zwischen kreativem Spinnen und diszipliniertem Arbeiten, zwischen detaillierter Einzelarbeit und abteilungsübergreifender Kommunikation, zwischen Bauchgefühl und umfassender Projektbewertung, zwischen lähmender Kontrolle und völlig zweckfreiem künstlerischen Schaffen. Keine Angst, Sie müssen Ihre Mitarbeiter nicht jahrelang zur Meditation in ein tibetanisches Kloster schicken, damit sie den Wechsel zwischen diesen vielen geistigen Zuständen unbeschadet überstehen. Nach ein paar erfolgreichen Innovationsprojekten haben sie die nötige Übung darin. Aber ein wenig Unterstützung im Innovationsprozess schadet nicht, fällt es doch häufig schwer, dabei den Überblick zu behalten. Die Zauberformel lautet deshalb meist: Ein Innovationsmanagement muss her! Das soll unterstützende Rahmenbedingungen schaffen und als Katalysator im Unternehmen wirken, um Innovationen anzustoßen, voranzutreiben und positiv auf die Innovationskultur einzuwirken. Problem gelöst! Oder doch nicht? Denn ob Ihr Innovationsmanagement eher wie Öl oder doch mehr wie Sand im Getriebe Ihrer Innovationsmaschine ist, hängt davon ab, ob Sie dabei den Hebel Richtung Beschleunigen oder Richtung Bremsen umlegen.

Zunächst sollten Sie überlegen, wie groß das Aufmarschgebiet Ihres Innovationsmanagements sein sollte. Für manche Unternehmen erstreckt sich dieser Wirkungsbereich von der Ideengenerierung bis zur Entwicklung eines fertigen Konzepts, das dann an die „Linienabteilungen" übergeben wird. Andere sehen die Aufgaben des Innovationsmanagements entlang des gesamten Innovationsprozesses, d.h. von der strategischen Vorausschau über die Ideengenerierung, von der Unterstützung in der Konzept- bis zur Produktentwicklung und schließlich über eine erfolgreiche Markteinführung hinaus bis zur Nachbereitung – z.B. in Form von Lessons learned – von Projekten.

Entscheiden Sie sich für die Variante, die am besten zur Art und Organisation Ihres Unternehmens und Ihrer Projekte passt. Und führen Sie Ihr Innovationsmanagement nur Schritt für Schritt in Ihr Unternehmen ein, um die Organisation nicht zu überfahren.

Was ist nun die Aufgabe des Innovationsmanagements? Da gibt es ein klar definiertes Ziel: die Innovationskraft des Unternehmens zu steigern! Dazu kann das Innovationsmanagement in mehrere Hörner blasen, z.B.:

1. Die nötigen Rahmenbedingungen schaffen: Gestalten eines Innovationsprozesses, der unterstützen soll, den Informationsfluss zwischen allen Beteiligten sicherzustellen und die richtigen Abteilungen zum richtigen Zeitpunkt zu den richtigen Aktionen zu veranlassen (z.B. Erarbeitung einer Marktanalyse und eines Markteintrittskonzepts bereits während der Produktentwicklung). Oft hilft bereits eine gute Darstellung eines solchen Prozesses vielen Kollegen zu erkennen, welches Zusammenspiel Innovation benötigt und wie wichtig es ist, dass jeder sein Quäntchen beiträgt.

2. Die Innovationspipeline befüllen: Initiieren von Aktivitäten der strategischen Vorausschau, Finden von Suchfeldern, Sammeln, Generieren und Bewerten von Ideen und Anstoßen der Projekte.

3. Die Innovationskraft messen: Einführen und Auswerten von Kennzahlen, die die Innovationsleistung des Unternehmens widerspiegeln.

4. Die Innovationskultur im Unternehmen verbessern. Das Innovationsmanagement soll dafür sorgen, dass die Mitarbeiter Neuem gegenüber offen eingestellt sind und das nötige Mindset für den Hindernislauf der Innovation entwickeln (siehe Kapitel „Innovation ist ein Hindernislauf und kein Spaziergang"). Weiter geht es darum, dass die Wichtigkeit des Themas Innovation nicht in der Dringlichkeit des Tagesgeschäfts untergeht. Innovation ist Zukunft!

Die wichtigste Randbedingung bei all diesen Stoßrichtungen: Möglichst wenig Bürokratie erzeugen! Die Aufgabe wird klar verfehlt, wenn das Innovationsmanagement die mit der Innovation beschäftigten Mitarbeiter unnötig von der Arbeit abhält, in enge Korsetts zwängt und zwingt, laufend Kontrollberichte auszufüllen. Zuviel Bürokratie ist der Tod jeder Innovation!

Es spricht überhaupt nichts dagegen, vor dem Projektstart einen Business-Case-Entwurf erarbeiten zu lassen oder sich in sinnvollen (!) Abständen den Projektstatus anzusehen. Aber – um Edisons Willen – wir brauchen keine 40 Kennzahlen, mit denen Projekte zu Tode quantifiziert werden, und wir brauchen auch keine 99 KPIs[11] zur Messung der Innovationskraft des Unternehmens. Lassen Sie sich von diesem Wahn nicht anstecken. Beurteilen Sie Projekte anhand einfacher Kriterien, und lassen Sie bei einer Yes-or-no-Entscheidung (speziell in frühen Phasen der Innovation) auch mal das Bauchgefühl gelten.

Messen Sie die Innovationskraft Ihres Unternehmens im Idealfall mit nur einer Kennzahl. Wie das gehen soll? Sicher nicht, indem man die Anzahl der F&E-Mitarbeiter, das F&E-Budget oder die Höhe des Stapels der angemeldeten Patente misst. Diese Input-bezogenen Kriterien sagen nämlich rein gar nichts über das aus, worauf es wirklich ankommt: den Erfolg Ihrer Innovationen am Markt. Außerdem sind rein F&E-bezogene Kriterien beim Thema Innovation sowieso ein Stück zu kurz gegriffen, da sie den nötigen Beitrag aller anderen Abteilungen zum Gelingen Ihrer Vorhaben überhaupt nicht berücksichtigen. Was wir brauchen, ist eine Kennzahl, die den Innovationsschweiß aller involvierten Disziplinen abbildet. In einem ersten Schritt könnten Sie sich beispielsweise den Anteil an neu eingeführten Produkten (z.B. jünger als drei Jahre) in Ihren Verkaufszahlen ansehen. Sofern Sie nicht mit Antiquitäten handeln, spiegelt dies Ihre Innovationskraft bereits ganz gut wider. Wenn man es etwas genauer wissen möchte, kann man statt des Produktalters den Innovationsgrad der Produkte bewerten. Wie hoch ist der Anteil an hoch innovativen, innovativen und Com-

---

[11] Key Performance Indicators – Leistungskennzahlen.

modity-Produkten in Ihrem Portfolio? Welchen Umsatz und vor allem welches Ergebnis machen Sie mit welcher Klasse? Ein Prozent Umsatz mit hoch innovativen Produkten, drei Prozent mit innovativen und 96 Prozent Commodities? Dann sollten bei Ihnen die Alarmglocken läuten. Sie können diese Verteilung von Jahr zu Jahr monitoren und damit leicht feststellen, wie sich die Innovationskraft Ihres Unternehmens entwickelt. Dadurch messen Sie den Schulterschluss aller Ihrer Abteilungen, die von der Idee bis zum verkauften Produkt gemeinsam neue Innovationen aus der Taufe heben. Wenn Sie solch eine Kennzahl verwenden, wird sich auch der Fokus in Ihrem Unternehmen automatisch stärker auf Innovationen legen. Und das Wichtigste dabei: Sie tun Ihrem Ergebnis nachhaltig etwas Gutes, denn bei innovativen Produkten klingelt die Kasse deutlich lauter!

Ein gutes Innovationsmanagement hilft beim Gestalten und konzentriert sich nicht auf das Verwalten. Helfen Sie, Innovationsbedarfe zu erkennen, daraus Suchfelder zu formulieren, Ideen zu generieren, vielversprechende Konzepte zu entwickeln, Projekte zu initiieren, während der Projektarbeit alle Abteilungen ins Boot zu holen, bei der Markteinführung zu helfen und aus abgeschlossenen Projekten zu lernen. Verschwenden Sie nur so viel Energie wie nötig auf das Monitoring und Controlling von Projekten und machen Sie aus Ihren Kollegen keine Dauer-Berichtschreiber. Wir sind hier ja nicht bei der Zeitung oder in einer klösterlichen Schreibstube! Bleiben Sie bei Innovation, vermeiden Sie Inquisition!

Innovationen sind nunmal inhärent riskant. Sind sie es nicht, sind sie keine Innovationen. Manager aber wollen Sicherheit und streben deshalb danach, Risiko wenn möglich zu vermeiden oder zumindest durch umfassende Analysen bei schwierigen Entscheidungen eine Scheinsicherheit zu generieren. Dazu muss dann leider manchmal das Innovationsmanagement herhalten. Das ist im Umgang mit Innovationen aber genau der falsche Weg und bringt bei hohem Aufwand keinen Nutzen. Vermeiden Sie Paralyse durch Analyse! Führungskräfte müssen lernen, dass gerade die hochunsicheren Projekte häufig die größten Chancen in sich bergen können.

Und außerdem gilt gerade beim Innovieren der Grundsatz: „Du wirst auf dem Weg viel lernen." Wir haben bereits im Kapitel „Eine Vision wird Realität – Über Sehnsucht, Meer und Konsequenz" darüber gesprochen, wie wichtig es ist, eine wirklich starke Vision zu haben. Diese Vision zeichnet jedoch nicht den Weg zum Ziel vor, sondern dient vielmehr als Leuchtturm, an dem man sich orientieren kann. Viele Entscheidungen werden dann auf der Strecke getroffen, und durch manch unvorhergesehene Ereignisse sind wir gezwungen, immer wieder mal die Richtung zu ändern und einen Umweg zu gehen. Wir wissen also, wie unser Ziel aussieht (oder besser gesagt der Zielzustand, z.B. Innovationsführerschaft in unserer Branche oder in einer bestimmten Produktgruppe), nicht jedoch, wo sich dieses Ziel genau befindet, und noch weniger, welche Schritte wir konkret setzen müssen, um es zu erreichen.

Die große Kunst ist es nun, auf dem Weg zur Innovation den Mitarbeitern den richtigen Fokus zu geben und ihnen gleichzeitig den Freiraum für (Denk-)Umwege zu lassen. Atmen Sie dreimal ruhig durch, und lassen Sie los! Der beste Weg besteht nicht immer in der geraden Verbindung zweier Punkte. Oft ist auch die erste Lösung nicht die beste. Und Entscheidungen werden niemals rein rational getroffen.[12] Lassen Sie den beteiligten Mitarbeitern also den nötigen kreativen Freiraum, den sie brauchen, um sich ihren steinigen Weg samt einigen Umwegen durch den Irrgarten der Innovationsarbeit zu bahnen. Und Sie helfen ihnen bestimmt nicht, wenn Sie an jeder Wegkreuzung einen Bericht samt SWOT-Analyse verlangen. Es ist jedoch wichtig, den verschwitzten und hindernisgeplagten Läufern immer wieder das große Ziel vor Augen zu führen, damit sie sich nicht in Details verlieren.

---

[12] Siehe Stefan Merath: „Die Kunst, seine Kunden zu lieben".

Ein allgemeingültiges Rezept für diesen Balanceakt ist schwierig zu finden. Grundsätzlich kann man seine Leute nicht motivieren, sondern nur demotivieren. Fast alle Mitarbeiter sind selbstmotiviert, neugierig und wollen etwas Konstruktives tun. Das Wichtigste überhaupt ist, sie auf ein Ziel einzuschwören und ihnen die nötigen Ressourcen und den Freiraum zu geben, damit sie anständig arbeiten können. Wohlgemerkt, arbeiten und nicht völlig frei herumspinnen.

Der nötige Freiraum schafft die Möglichkeit, Erfolge zu generieren, daraus wächst das Ansehen, daraus wiederum Selbstvertrauen und Motivation. Kontrollieren Sie Ihre Mitarbeiter nicht zu Tode, sonst dreht sich diese Spirale in die andere Richtung.

KEY TAKE-AWAYS

→ Innovationsmanagement hat nicht die Aufgabe, im Alleingang Innovationen zu erzeugen, sondern dient dazu, die nötigen unterstützenden Rahmenbedingungen zu setzen (z.B. Erarbeitung eines Innovationsprozesses), die Innovationspipeline zu füllen, die Innovationskultur im Unternehmen zu stärken, Innovationsprojekte zu unterstützen und die Innovationskraft des Unternehmens zu bewerten.

→ Wesentlich dabei ist, dass das Innovationsmanagement die Organisation möglichst wenig mit Bürokratie (z.B. häufiges Einfordern von Projektstatusberichten, Verwenden von vielen Kennzahlen zur Projektbewertung oder Messung der Innovationskraft) belastet. Das Innovationsmanagement soll unterstützen, gestalten und generieren und nicht verwalten und kontrollieren.

→ Das Innovationsmanagement kann entgegen seiner Bezeichnung nicht die – einer Innovation inhärenten – Risiken wegmanagen. Innovationen sind per Definition hoch riskant, ob mit oder ohne Innovationsmanagement. Auch eine umfassende Quantifizierung von – in Wahrheit oft kaum einschätzbaren – Risiken führt nur zu einer Scheinsicherheit und bringt oft mehr Aufwand als Nutzen.

→ Die Mitarbeiter müssen eine klare Vision vor Augen sehen und die Freiheit haben, den Weg dorthin weitgehend selbst zu finden. Der Innovationsprozess lässt dabei – in ausreichend großen Abständen – einerseits Best Practices aus anderen erfolgreichen Expeditionen einfließen (z.B. „Bevor du ein Innovationsprojekt startest, wirf einen Blick auf die Patent- und Normensituation" oder „erarbeite ein Markteintrittskonzept, sobald du systematische Produktionsversuche auf den Großanlagen startest") und führt den Projektteilnehmern andererseits immer wieder das Ziel vor Augen.

Zuerst wer, dann was[13]

Bevor Sie für eine lange und schwierige Reise in See stechen, müssen Sie zunächst sicherstellen, dass die Voraussetzungen erfüllt sind. Sie prüfen selbstverständlich Ihr Schiff – den Rumpf, die Takelage, die Segel, die Schoten usw., versorgen sich ausreichend mit Proviant, prüfen das Kartenmaterial und gehen Ihre Route nochmal durch. Aber das Wichtigste überhaupt ist Ihre Crew. Ihre Mannschaft entscheidet, wie schnell Sie auf Ihrer Reise vorankommen. Und falls Sie – zum Beispiel wetterbedingt – von der geplanten Route abweichen müssen, wenn Sie in unbekannten Gewässern unterwegs sind, dann zeigt sich, ob Ihre Mannschaft mit unerwarteten und neuen Situationen umgehen kann. Und spätestens wenn ein Sturm die See aufpeitscht und es vielleicht auch einmal aussichtslos aussieht, entscheiden die Einstellung, Erfahrung und mentale Stärke Ihrer Crew vielleicht sogar über Leben und Tod. Das schnellste und beste Schiff ist sinnlos, wenn Ihre Mannschaft nicht damit umgehen kann, und Sie werden niemals eine neue Welt entdecken, wenn nicht Erfahrung, Mut, Einfallsreichtum, Zähigkeit und Ausdauer Ihre Begleiter sind.

Fragen Sie immer zuerst nach den Menschen und erst in zweiter Linie nach den Inhalten! Diese Regel gilt in jeder Situation. Alles steht und fällt mit den involvierten Personen. Und dies gilt besonders für innovative Unternehmen. Wie bereits erwähnt, ist Innovation die Königsklasse aller unternehmerischen Leistungen und aufgrund der Dauer, der vielen Widerstände, der Ungewissheit, der benötigten Anstrengungen und zu meisternden Rückschlägen eine enorme Herausforderung (siehe Kapitel „Innovation ist ein Hindernislauf und kein Spaziergang").

---

[13]   Siehe Jim Collins „Der Weg zu den Besten: Die sieben Management-Prinzipien für dauerhaften Unternehmenserfolg".

Ob Sie jetzt ein einzelnes Projekt betrachten oder das ganze Unternehmen vor Augen haben, das mit Abstand Wichtigste dabei sind immer die Menschen. Projekte scheitern fast nie an der Technik, sondern fast immer an den teilnehmenden Personen! Und es sind nicht nur Intelligenz und Erfahrung, die Sie für Ihren Erfolg brauchen, sondern die richtigen Charaktereigenschaften, soziale Kompetenz, die passenden Werte, ausreichend Resilienz, Mut und Tatendrang sind mindestens genauso wichtig.

Und einen Aspekt sollten Sie auf keinen Fall außer Acht lassen: Wie bekommt man gutes Know-how ins Unternehmen? Über Köpfe! Und da gibt es natürlich viele Quellen. Überlegen Sie sich Programme, wie Sie nützliche zukünftige Mitarbeiter bereits während deren Ausbildung an sich binden können. Bilden Sie die eigenen Mitarbeiter ordentlich weiter, und lassen Sie sie auf Konferenzen fahren, damit sie neue Eindrücke mit nach Hause nehmen können.

Eine wichtige – und häufig viel zu wenig genutzte – Quelle sind Mitarbeiter anderer Unternehmen. Ja, auch die der Mitbewerber! Sprechen Sie doch auf Konferenzen den jungen Highflyer von der Konkurrenz an und machen Sie ihm ein unwiderstehliches Angebot. Sowas bringt Sie um Längen weiter.

Umgekehrt heißt das natürlich, Sie müssen Ihre eigenen Mitarbeiter – vor allem die jungen – wirklich fest an sich binden. Überschütten Sie die Besten mit Geld und Incentives, sodass sie für den absaugenden Markt viel zu teuer werden. Bieten Sie gute und echte Karriereperspektiven, auch in der Forschung. Es können natürlich nicht alle Mitarbeiter mit Potenzial Führungskräfte werden, aber es gibt auch Expertenkarrieren und ähnliche Modelle. Mitarbeiterverwöhnung muss auch nicht immer über Geld funktionieren. Auch Aufmerksamkeit, Einbindung in den Strategieprozess, ein direkterer Zugang zum Top-Management oder die Möglichkeit, wichtige Themen im Unternehmen mit zu beeinflussen, können diesem Zweck dienen.

Je höher Sie in der Hierarchie Ihrer Firma angesiedelt sind, desto mehr gilt auch für Sie folgender Spruch: „Unternehmer arbeiten nicht im Unternehmen, sie arbeiten am Unternehmen."[14] Deshalb ist Personalauswahl auch prinzipiell Chefsache und kann nicht allein von einer zentralen Personalabteilung übernommen werden. Suchen Sie sich Ihre Mannschaft persönlich aus. Nehmen Sie sich ausreichend Zeit dafür, egal welche dringenden Verpflichtungen Sie sonst gerade haben, es gilt immer: Zuerst wer, dann was.

KEY TAKE-AWAYS

→ Gerade, wenn es um eine so herausfordernde Aufgabe wie Innovation geht, sind das wichtigste Erfolgskriterium die beteiligten Menschen. Sie entscheiden, ob Sie die zahlreichen Hindernisse auf Ihrem Weg erfolgreich überwinden können.

→ Vergessen Sie niemals, dass der beste Wissenstransfer über Köpfe geschieht. Zielen Sie bewusst darauf ab, durch die Auswahl und das Anwerben von Mitarbeitern wertvolles Know-how in die Firma zu bringen.

→ Deshalb ist Personalauswahl auch grundsätzlich Chefsache. Nehmen Sie sich ausreichend Zeit, denn mit der Personalauswahl bestimmen Sie ganz wesentlich die Innovationskraft Ihres Unternehmens.

---

[14] Siehe Stefan Merath: „Der Weg zum erfolgreichen Unternehmer: Wie Sie und Ihr Unternehmen neue Dynamik gewinnen".

Kapitel 2

LAUFEN SIE – Halten Sie durch: Vorsicht vor den Stolperfallen des Alltags

Sie haben bereits Schwung aufgenommen? Sehr gut! Jetzt dürfen Sie sich weder vom richtigen Weg ablenken noch von den zahlreichen Innovationsfallen ausbremsen lassen! Wie Sie interne und externe Stolpersteine erkennen und umgehen, finden Sie in diesem Kapitel.

65

Scheitere ausschließlich am Kunden, niemals an dir selbst

Was ist der Zweck Ihres Unternehmens? Gewinne zu machen? Arbeitsplätze zu schaffen? Kennen Sie die interessante Definition des Unternehmenszwecks nach Stefan Merath?[15] Der Zweck eines Unternehmens besteht aus zwei Aufgaben:

1. alles dafür zu tun, Ihren Kunden aktuell den bestmöglichen Nutzen zu bieten, und
2. alles dafür zu tun, zukünftig Ihren Kunden noch besseren Nutzen bieten zu können (was natürlich einschließt, das Unternehmen effektiv und effizient zu führen).

Die Welt dreht sich also weder um Sie noch um Ihre Firma oder Ihr Produkt, sondern der Mittelpunkt Ihres Universums sind Ihre Kunden. Und der Kunde entscheidet, ob Ihr Produkt erfolgreich ist oder nicht. So einfach ist das. Wenn Ihr Produkt floppt, dann war es keine Innovation, sondern eine schlechte oder schlecht umgesetzte Idee. Und je früher Sie dies einsehen, desto weniger Ressourcen haben Sie verschwendet und können sich wieder auf neue – vielversprechendere – Themen konzentrieren.

Sie stehen nun vor folgendem Dilemma: Einerseits sollten Sie zu Ihrer Innovationsidee möglichst frühzeitig echtes, unverfälschtes Kundenfeedback einholen. Andererseits dürfen Sie auch nicht zu früh losmarschieren. Ein gutes Konzept, bei dem eine professionelle Umsetzung noch nicht erkennbar ist, muss man eventuell noch schützen.[16] Es kann nämlich sein, dass Ihr Kunde Ihr Produkt sofort haben will und dann verärgert ist, wenn er noch jahrelang darauf warten muss.

Vorsicht geboten ist jedenfalls, wenn Sie die Attraktivität Ihres Produktes anhand von Kundenbefragungen feststellen möchten. Viele Un-

---

[15] Siehe sein empfehlenswertes Buch „Der Weg zum erfolgreichen Unternehmer: Wie Sie und Ihr Unternehmen neue Dynamik gewinnen".
[16] Siehe Kapitel „Schütze deine zarten Pflänzchen – Forsche im Verborgenen".

ternehmen haben feststellen müssen, dass sich die von Kunden gegebenen Antworten („Ja, dieses Produkt finde ich super, das würde ich sicher kaufen!") häufig nicht mit ihren tatsächlichen Handlungen am Markt decken. Es gibt bessere und schlechtere Methoden, um eine darauf basierende Fehleinschätzung zu vermeiden. Auf jeden Fall sollten Sie die Ergebnisse solcher Umfragen nicht ausschließlich als Entscheidungsgrundlage für das Fortführen Ihrer Innovationsprojekte verwenden.

Am besten ist es, einen Lead Customer zu finden. Im B2B-Bereich ist das sogar der einzige Weg. Mit solch einem Schrittmacherkunden können Sie dann bereits während der Entwicklung die Vor- und Nachteile Ihres Produktes diskutieren und so Ihre Innovation verbessern. Der Kunde hat natürlich den Vorteil, dass Ihr Produkt für ihn optimiert ist und er in manchen Fällen sogar eine gewisse Zeit Exklusivabnehmer sein kann. Wenn Sie häufiger mit Schrittmacherkunden (im Sinne einer Partnerschaft, siehe Kapitel „Zuviel Kooperation zerstört alles – Netzwerk versus Partnerschaft") arbeiten, bauen Sie ein Vertrauensverhältnis auf, und es wird immer einfacher, ehrliches Feedback zu Konzepten in Ihrer Innovationspipeline zu bekommen. Dann können Sie ab und an sogar mit wenig ausgereiften Ideen in frühem Innovationsstadium bei ihm antanzen, ohne dass er Sie dafür gleich ins Exil schickt.

Das oberste Ziel Ihrer Innovationen muss stets sein, Ihren Kunden einen echten Nutzen zu bieten. Doch selbst bei noch so aussichtsreichen Produkten ist der Erfolg am Markt keineswegs vorprogrammiert. Auch wenn Sie alles richtig gemacht haben, lässt sich dieses Risiko niemals vollständig vermeiden. Trotz kundenorientierter Produktentwicklung[17] finden manche Angebote nur wenige Abnehmer am Markt.

---

[17] Je innovativer Ihr Produkt ist, desto mutiger sollten Sie sich über die Wünsche des Marktes hinwegsetzen. Diese konzentrieren sich nämlich häufig auf Verbesserungen der aktuell besten Lösungen. Der Markt weiß häufig selbst nicht, was er brauchen könnte. Fragen Sie lieber nach den dahinterliegenden Bedürfnissen, und bieten Sie völlig neue Lösungen an. Wir alle kennen den Ausspruch von Henry Ford: „Wenn ich die Menschen gefragt hätte, was sie wollen, hätten sie gesagt, schnellere Pferde."

Der Kampf ist hart, und vor allem in den westlichen Ländern sind viele Märkte gesättigt. Nicht jedes Projekt kann ein Riesenerfolg sein. Für echte Innovatoren gehört das zum Geschäft und bringt sie nicht aus der Bahn. Sie stehen auf und laufen weiter. Aber:

Was als Innovationsführer absolut inakzeptabel ist: über die eigenen Beine zu stolpern!

Es darf niemals passieren, dass Sie ein vielversprechendes Innovations-projekt in den Sand setzen, weil Sie in der Umsetzung geschlampt haben. Sie entwickeln jahrelang ein Produkt, nur um am Schluss fest-zustellen, dass die Normen- und Patentsituation eine Markteinfüh-rung fast unmöglich macht? Sie haben viele Ressourcen in ein Thema gesteckt, bei dem sich nach Jahren herausstellt, dass es dafür kaum einen Markt gibt? Oder dass Sie das Produkt nur sehr teuer und mit hohem Aufwand herstellen können? Dass die Transportkosten Ihre Marge auffressen? Dass Ihr Produkt im Vergleich zu den Alternativ-angeboten keine wirklichen Vorteile bietet? Stellen Sie solche und ähnliche interne Risikofaktoren konsequent ab. Wenn Sie Innovati-onsführer werden möchten, dann scheitern Sie niemals an sich selbst, sondern ausschließlich am Markt!

• •

KEY TAKE-AWAYS

→ Alle Ihre Bemühungen zielen darauf ab, Ihren Kunden Nutzen zu bie-ten. Sie sollten daher so früh wie möglich belastbares Kundenfeed-back und Verbesserungsvorschläge für Ihre Innovationsvorhaben ein-holen. Tragen Sie Ihre Lösung aber nicht zu früh in die Welt hinaus. Halbfertige Konzepte können beim Kunden auf Ablehnung stoßen.

→ Wenn möglich, suchen Sie sich für Ihre Innovationsprojekte einen Lead Customer, mit dem Sie die Entwicklung gemeinsam vorantrei-ben. Dann erhalten Sie sehr schnell Kundenfeedback und können Ihr Produkt optimieren.

→ Wenn Sie mit einem Innovationsprojekt scheitern, dann ausschließlich am Markt. Als Innovationsführer ist es absolut inakzeptabel, über die eigenen Beine zu stolpern und aufgrund interner Inkompetenz ein vielversprechendes Projekt an die Wand zu fahren.

Kurzfristig versus langfristig – Sichere dein Überleben

Es gibt ein furchteinflößendes Monster, das es auf Ihre Innovationen abgesehen hat. Eines, das unsterblich ist und immer und immer wieder zurückgedrängt werden muss. Während Sie schlafen, schleicht es sich von hinten an und wildert in Ihrem Garten voller zarter Innovationspflänzchen, bis nichts mehr übrig ist. Es frisst Ihnen die Leute und die Ausrüstung weg, wie ein böses Gift verschleiert es den Entscheidungsträgern die Sicht und lenkt deren Fokus in die falsche Richtung. Dieses Monster hat einen Namen, den sich selbst gestandene Innovationshelden nur zu flüstern trauen: Tagesgeschäft.

Damit sind wir mitten in einer uralten Diskussion gelandet: Was ist dringend, was ist wichtig, und wie kriegt man auch die wichtigen, aber wenig dringenden Dinge gebacken? Dass Innovation zu den wichtigen Dingen gehört, das bestreiten wohl die wenigsten, aber bekanntlich gibt es ja große Differenzen zwischen Reden und Tun.

Viele Abteilungen im Unternehmen sind kurzfristig gepolt, und das ist ja auch gut so, denn schließlich sollen sie Geld verdienen, und die gestern verkauften Waren müssen spätestens heute produziert, morgen qualitätskontrolliert und übermorgen ausgeliefert werden. Vergessen Sie aber keinesfalls auf die mittel- und langfristig ausgerichteten Aktivitäten im Unternehmen! Es gibt nämlich mehrere Mechanismen, die Ihnen beständig das Wasser abgraben, hier nur eine kleine Auswahl:

Zunächst einmal Ihre Kunden selbst. Kennen Sie das Kano-Modell zur Kundenzufriedenheit[18]? Eine wichtige Aussage darin ist diese: Das, was die Kunden heute begeistert, werden sie bald nur mehr gut finden und irgendwann als selbstverständlich voraussetzen. Sprich: Ihre Produkte werden einfach von selbst für den Kunden immer weniger Wert, was meist mit sinkender Preisbereitschaft bestraft wird.

---

[18] Nach Noriaki Kano, einem emeritierten Professor an der Universität Tokio.

Was heute hoch innovativ ist, wird morgen vielleicht gerade noch innovativ sein und entlockt Kunden bald darauf nur noch ein herzhaftes Lachen, wenn man nach dessen Innovationsgrad fragt.

Außerdem sind Sie ja nicht alleine am Markt: Auch Ihre Mitbewerber sind keine Schnarchnasen, und heutzutage tritt nun wirklich das ein, wovor sich Generationen vor uns bereits – berechtigterweise – gefürchtet haben: Fast jede Branche ist globalisiert, und Sie und die paar Wettbewerber in Ihrem Umkreis, die bisher denselben Markt beackert haben, bekommen nun Gesellschaft aus der ganzen Welt, darunter viele Regionen, die nicht nur aus einem niemals endenden Pool an bestens ausgebildeten – und trotzdem billigen – Mitarbeitern schöpfen können, sondern die auch in puncto Energiepreise, Umweltauflagen, Steuern, Vormaterialpreise, Bürokratie usw. teilweise weit bessere Bedingungen vorfinden als Sie. Gehen Sie davon aus, dass Ihr Mitbewerb jeden Tag mit voller Kraft versucht, Ihnen das Zepter der Innovationsführerschaft zu entreißen! Lassen Sie sich folgendes Zitat auf der Zunge zergehen: „Hierzulande musst du so schnell rennen, wie du kannst, wenn du am gleichen Fleck bleiben willst."[19] Wenn Sie mit voller Kraft innovieren, dann halten Sie den Abstand zu Ihren Verfolgern also gerade mal konstant. Wenn Sie sie abhängen wollen, müssen Sie demnach doppelt Gas geben. Ein bisschen halbherzig zu innovieren und sich auf den wenigen kümmerlichen Früchten dieser Arbeit auszuruhen, lässt Sie also jeden Tag ein stückweit im Rennen um die Innovationskrone zurückfallen.

Der Zahn der Zeit nagt an Ihren Anlagen, und immer neue Produktionstechnologien werden serienfähig, die es ermöglichen, bessere Produkte herzustellen oder die Produktionskosten zu senken. Falls Sie also jetzt in eine neue Anlage investieren, dann wäre es ein Kardinalfehler, sich eine Zeitlang auf die faule Haut zu legen und darauf auszu-

---

[19] Diese als Red-Queen-Effekt bezeichnete Hypothese wurde 1973 von Leigh Van Valen vorgeschlagen, der ebenfalls das oben angeführte Zitat aus Lewis Carrolls Roman „Alice hinter den Spiegeln" dafür als Metapher verwendete.

ruhen. Sie müssen natürlich sofort und mit vollstem Einsatz alle Vorzüge dieser Anlage ausnutzen, da Sie diese Anlagenführerschaft immer nur eine kurze Zeitspanne innehaben. Aber vergessen Sie dabei nicht, auch mit der Planung der mittel- und langfristigen weiteren Schritte zu beginnen (Anlagenerweiterung, -modernisierung, nächste Investition etc.). Denn sobald der Mitbewerb investiert, ist seine Anlage bereits neuer als Ihre, und Sie müssen zusehen, wie Sie im Anlagenranking Schritt für Schritt zurückfallen, bis Sie wieder an der Reihe sind, zu investieren.

Im Zuge des technologischen Fortschritts wird eine Produkttechnologie, die vielleicht Jahre oder Jahrzehnte vorherrschend war, von einer neueren abgelöst, und Sie haben – selbst mit kleinen Weiterentwicklungen – mit Ihrem Produkt keine Chance mehr. Irgendwann wird aus der Schreibmaschine ein Computer, aus dem Walkman ein MP3-Player und Uni-Professoren werden vielleicht von aufgezeichneten Online-Lehrveranstaltungen abgelöst.

Nichts ist schlimmer, als wenn Ihnen ein Produkt nach dem anderen wegbricht, sei es nun durch sinkende Verkaufszahlen oder schmelzende Preise, Sie aber haben eine leere Innovationspipeline und müssen hilflos zusehen, wie Ihr Unternehmen ausblutet. Das Problem bei der Sache ist nämlich dieses: Wenn Sie heute Probleme haben, ist es meist viel zu spät. Um heute ganz vorne zu sein, mussten Sie vor zehn Jahren auf den Innovationszug aufspringen. Eine neue Innovation kommt nicht von heute auf morgen, und die Innovationsgeschwindigkeit – die Time to Market – lässt sich zwar durch Optimierungen im Innovationsprozess etwas verkürzen, trotzdem sprechen wir in vielen Branchen von Jahren, die es braucht, um den notwendigen Hindernislauf zu absolvieren. Diese Zusammenhänge sind für viele sehr eingängig und werden fast immer bestätigt. Die Folge daraus müsste natürlich sein, dass Unternehmen mit voller Kraft ihre Innovationsaktivitäten vorantreiben. Das muss sich auch in den täglichen Entscheidungen widerspiegeln. Leider ist es aber immer wieder das Tagesgeschäft, das den

Vorrang bekommt. Da wird dann plötzlich das Dringende wichtiger als das Wichtige. Woran das wohl liegt? Eine Frage: Woran werden Ihre Mitarbeiter gemessen? Wofür erhalten sie Lob? Die meisten Abteilungen sind auf das Tagesgeschäft ausgerichtet, und dementsprechend werden die Prioritäten vergeben. „Klar", sagen Sie, „damit verdienen wir ja auch unser Geld!" „Richtig", sagen wir, „und womit verdienen Sie Ihr Geld in zehn Jahren?"

Kennen Sie die Geschichte mit dem Baum und der Säge?[20] Ein Mann geht im Wald spazieren und trifft auf einen anderen, der schweißgebadet mit einer stumpfen Säge einen Baum umzusägen versucht. „Deine Säge ist doch völlig stumpf, so ist das doch sinnlos! Willst du nicht deine Säge einmal schärfen?" „Dafür habe ich doch keine Zeit, ich muss doch sägen!" Jeder lacht bei solch einer Geschichte, und natürlich würden wir sowas niemals machen. Und doch tun wir genau das.

● ●

KEY TAKE-AWAYS

→ Sie müssen pausenlos gegensteuern, damit die kurzfristigen Dringlichkeiten nicht die langfristigen Wichtigkeiten auffressen. Machen Sie das Wichtige dringend, indem Sie es einfordern. Wenn Mitarbeiter vor der Führungsmannschaft antreten und den Fortschritt der langfristig wichtigen Themen berichten müssen, dann werden diese Themen plötzlich ebenfalls dringend.

→ Stellen Sie einige exzellente Mitarbeiter mit hoher Frustrationstoleranz für langfristige Aufgaben frei, und verbieten Sie ihnen, sich mit kurzfristiger Projektarbeit zu beschäftigen, damit sie nicht wieder ins Tagesgeschäft reingesaugt werden. Damit geben Sie den wichtigen Themen eine Stimme und zwei Beine.

---

[20]   Siehe z.B. in „Die 7 Wege zur Effektivität: Prinzipien für persönlichen und beruflichen Erfolg" von Stephen R. Covey.

→ Schaffen Sie für langfristige Themen eine Art „geschützte Werkstatt". Wenn es z.B. eine Vorfeldforschung gibt, die zehn Jahre nach vorne blicken darf, ohne pausenlos Erfolge liefern zu müssen, dann haben Sie ein Sichtfeld geschaffen, in dem Sie vorher vielleicht blind waren.

Forschung ist ein Projektgeschäft – Nicht die besten Ideen setzen sich durch

Gehen Sie doch mal mit offenen Augen durch Ihre F&E-Abteilung. Welchen Eindruck haben Sie? Sitzen die Leute herum und wirken gelangweilt oder herrscht geschäftiges Treiben? Ok, also in Ihrer F&E-Abteilung wird fleißig gearbeitet. Das ist gut. Woran wird gearbeitet? Fragen Sie doch mal! Man wird Ihnen gerne Auskunft geben. Und nun stellen Sie die Frage, welche dieser Themen wichtig und welche weniger wichtig sind. Sind Sie von der Antwort überrascht? Jedes Thema ist natürlich unglaublich wichtig! Forscher sind von Natur aus intelligente und neugierige Menschen, und deshalb gibt es immer mehr interessante Themen, als bearbeitet werden können. Jede gute Forschung und Entwicklung steckt knietief in Arbeit, und egal wie weit Sie diese Abteilung aufstocken, das wird sich niemals ändern. Eine gute Forschung erkennt man nun mal daran, dass es immer zu viel zu tun gibt.[21]

Natürlich könnten Sie jetzt denken: „Warum sollten wir die F&E-Abteilung jemals weiter aufstocken, wenn die Arbeit damit automatisch mitwächst? Wann ist eine F&E-Abteilung eigentlich groß genug?" Um wirklich innovativ sein zu können, ist eine solide aufgestellte F&E-Abteilung unentbehrlich (Siehe Kapitel „Echte Forscher lösen jedes Problem – Viele gute Ideen kommen aus der F&E"). An der Forschung und Entwicklung zu sparen raubt Ihrem Unternehmen die Zukunftschancen. Wir möchten an dieser Stelle jedoch auf eine ganz andere Frage hinaus: Wird an den richtigen Themen gearbeitet?

---

[21] Anders sieht es häufig bei den isolierten Elfenbeinturm-Forschungen in Form riesiger zentraler Forschungseinrichtungen aus (siehe Kapitel „Elfenbeinturm-Forschung funktioniert nicht"). Die sind oft auf der Suche nach Themen, die sie beackern können. Leute, die ständig auf der Suche nach Themen sind, sind meist vom wirklichen Geschehen entkoppelt. Das Leben stellt pausenlos Fragen, man muss nur die richtigen auswählen. Guten Forschern (oder generell Mitarbeitern) ist niemals langweilig, vielmehr haben sie genau das gegenteilige Problem: Sie werden von allen Seiten mit Anfragen und Aufträgen zugeschüttet und wissen kaum noch, was sie als Erstes tun sollen.

Wie im letzten Kapitel bereits ausgeführt, müssen Sie darauf achten, dass Sie sowohl an kurzfristigen, als auch an mittel- und langfristig orientierten Themen arbeiten. Wenn Ihre Forschung nur mehr für Ihre Kunden kleine Produktanpassungen durchführt, aber keine längerfristigen Themen angegangen werden, dann fehlt die Balance. Einen guten Überblick über die Mischung aus kurz- und langfristigen Themen gibt zum Beispiel eine Innovations Roadmap. Man sieht sofort, wann welche Projekte in ein Produkt münden sollen. Neben dem zeitlichen Horizont sollten Sie auch einen Blick auf die Risiko- (und damit Chancen-)Streuung in Ihrem Projektportfolio haben. Greifen wir nur nach den „low-hanging Fruits"? Sind unsere Innovationsprojekte in Wahrheit nur inkrementelle Weiterentwicklungen? Alter Wein in neuen Schläuchen? Oder trauen wir uns auch über die wirklich herausfordernden und risikobehafteten Themen drüber? Hier muss man häufig etwas nachhelfen, da in allen Unternehmen unnötige Risiken erstmal vermieden werden und außerdem gängige Innovationsprozesse meist genau diese vielversprechenden Themen frühzeitig aussortieren. Erlauben Sie Ihren F&E-lern doch auch mal, was auszuprobieren![22] Fordern Sie einen gewissen Anteil an hoch innovativen Projekten! Dann sind diese Projekte nicht so stark gefährdet, beim nächsten Tagesgeschäft-Unwetter durch sicherere Quick Wins ersetzt zu werden. Manche Unternehmen haben dafür eine Art „Strategic Risk Bucket" eingerichtet, also einen Topf mit Geld, der nur für diese speziellen Projekte eingesetzt werden darf bzw. auch muss. Wie auch immer Sie es machen, achten Sie darauf, dass sich in Ihrem Projekt-Portfolio unbedingt auch ein gewisser Anteil an Projekten mit langfristigem Fokus und mit hohem Innovationsgrad (und damit meist hohem Risiko) befindet. Und natürlich sollte man auch

---

[22] Der Tod jeder Innovationskultur ist es, wenn Führungskräfte jedes innovative und damit risikobehaftete Projektansuchen sofort auseinandernehmen (siehe dazu Kapitel „Schütze deine zarten Pflänzchen – Forsche im Verborgenen") und den Ideenbringer öffentlich als realitätsfremden Träumer hinstellen.

immer wieder einen Blick darauf werfen, ob sich die laufenden Themen für das Unternehmen überhaupt lohnen können. Deshalb sollte immer auch der monetäre Nutzen der Projekte hinterfragt werden. Seien Sie dabei zu Beginn des Innovationsprozesses aber noch behutsam, der monetäre Nutzen lässt sich in dieser frühen Phase nur mit hoher Unsicherheit schätzen,[23] und Sie wollen ja nicht alle Ihre zarten Pflänzchen frühzeitig niedermähen. Binden Sie aber keine Ressourcen für Themen, bei denen Sie von Anfang an wissen, dass es kaum einen Markt dafür gibt.

In vielen Unternehmen ist die Innovationspipeline zum Bersten gefüllt. Es sind viel mehr Projekte am Laufen, als man eigentlich sinnvoll bewältigen könnte. Immer mehr werden vorne reingestopft, ohne die Pipeline zu entrümpeln. Und das ist bekanntermaßen alles andere als einfach. Um die Situation nicht weiter zu verschärfen, sollte man zu Beginn jedes neu gestarteten Projekts folgende Frage stellen: „Wenn wir dieses Projekt starten, welches andere geben wir dafür auf?" Damit wird unreflektiertes Mästen des Portfolios zumindest reduziert. Wenn dieses aus allen Nähten platzt, sollte man außerdem regelmäßig die laufenden Projekte kritisch betrachten und die Frage stellen: „Welches soll heute geopfert werden? Gibt es tote Pferde, die wir reiten? Wo hätte ein Projektstopp keine große Auswirkung für unser Unternehmen?" Hier müssen Sie aber höllisch aufpassen! Diese Überlegungen führen nämlich oft dazu, dass langfristige oder hochinnovative Projekte gekillt werden, da dort meist noch kein Kunde schreit, wenn er das versprochene Produkt nicht bekommt. Die Randbedingung muss daher lauten: Zarte Innovationspflänzchen stehen unter Naturschutz!

---

[23] Fragen Sie in frühen Phasen aber unbedingt nach möglichen Anwendungen und dem Nutzen, den das neue Produkt in diesen Anwendungen dem anvisierten Kundensegment liefern kann. Welche Alternativprodukte gibt es am Markt, und warum wird unseres besser sein? Dann bekommen Sie oft ein Gefühl dafür, ob sich ein Einsatz in diesem Themenfeld lohnt oder nicht.

Neben der Themenauswahl gibt es noch eine weitere wichtige Frage: Werden die richtigen Leute auf die richtigen Themen gesetzt? Und dürfen die dann dort in Ruhe arbeiten? Wie funktioniert das bei Ihnen? Ein großes Projektprogramm läuft aus dem Ruder? Kein Problem, nehmen wir doch einen unserer besten Mitarbeiter, der wird das Kind schon schaukeln. Ein Problem bei einem wichtigen Kunden? Kein Thema, da schicken wir Frau XZ, da wissen wir, dass sie es souverän löst. Gute Leute werden häufig zum Lösen der größten Probleme eingesetzt. Aber wer ist mit den großen Chancen betraut? Die großen Chancen schreien nicht laut nach Aufmerksamkeit, setzen auch die Führungskräfte nicht unter Zugzwang, sondern sind geduldig und begnügen sich mit der Aufmerksamkeit, die sie erhalten. Frage: Warum setzen wir nicht unsere besten Leute auf die Chancen an und überlassen das Feuerwehr-Spielen der zweiten Reihe? Sind nicht unsere Chancen von heute unsere Cash Cows von morgen?

Werden Ihre Projekte professionell gemanaged? In so manchen Projekten wird vielmehr dahingewurschtelt, als sinnvoll gearbeitet. Da wird begonnen, ohne zu überlegen, wohin die Reise gehen soll. Da wird vergessen, wichtige Stakeholder ins Boot zu holen oder zu informieren. Zeitplan und Kosten laufen aus dem Ruder, und es werden zahlreiche Schleifen zu viel gezogen, weil nicht zum richtigen Zeitpunkt die richtigen Aktivitäten veranlasst wurden. In einigen Projekten gibt es keinen eindeutigen Ansprechpartner, da sich entweder mehrere oder keiner dafür verantwortlich fühlen. Manchmal werden in größeren Unternehmen sogar Projekte mit ähnlicher Zielsetzung doppelt und parallel durchgeführt. Was könnte man dagegen tun? Auf keinen Fall sollte man die Mitarbeiter mit einem 200-seitigen Projektmanagement-Handbuch erschlagen. Aber eine praxisorientierte Projektmanagement-Schulung für alle Projektleiter kann schon sehr viel bringen. Und eine wichtige Rolle haben die Führungskräfte: Sie können nämlich die Mitarbeiter zu besserer Projektarbeit erziehen, indem sie einfach die richtigen Fragen stellen: „Wie sieht der Zeitplan für dieses Projekt aus? Was sind aus Ihrer Sicht die fünf größten Risiken und was kann man dagegen machen? Haben Sie aus allen relevanten Abteilungen Kollegen in dieses Projekt involviert bzw. diese informiert?" Wenn die Projektleiter erstmal erfahren, welche Punkte dem Management wichtig sind, beginnen sie ganz von selbst ebenso zu denken.

KEY TAKE-AWAYS

→ Stellen Sie sicher, dass auch langfristig orientierte sowie hochinnovative Innovationsprojekte in Ihrer Pipeline sind, und stellen Sie diese unter besonderen Schutz.

→ Überlasten Sie Ihre Innovationspipeline nicht zu stark. Fragen Sie sich bei jedem neuen Projekt: „Welches bestehende Projekt kann ich dafür stoppen?" Sortieren Sie regelmäßig Ihre Pipeline aus. Machen Sie einmal im Jahr eine Runde und „opfern" Sie ein Projekt. Aber Achtung: Langfristig orientierte und hochinnovative Projekte wären zwar leichte Beute, stehen aber unter Artenschutz!

→ Setzen Sie Ihre besten Mitarbeiter auf die Projekte mit den größten Chancen und nicht auf die Projekte, wo gerade die größten und dringendsten Probleme auftauchen.

→ Schicken Sie alle Projektleiter in eine (möglichst praxisorientierte) Projektmanagement-Schulung, und zeigen Sie, dass saubere Projektarbeit für Sie wichtig ist, indem Sie beim Projekt-Review entsprechende Fragen stellen.

Fokus ist wichtiger als Förderung

Forschungsförderung ist eine tolle Sache! Man unterstützt dabei Unternehmen und universitäre Einrichtungen, sich vermehrt der Forschungsarbeit zu widmen. Da man durch Geldströme natürlich auch Stoßrichtungen beeinflussen kann, werden die Innovationsanstrengungen auf regional und überregional strategisch wichtige Themen gelenkt. Dadurch können langfristige Themen und solche mit höherem Risiko forciert werden. Und aus Sicht der Unternehmen sind Förderungen eine willkommene Unterstützung im ohnedies ressourcenintensiven und risikoreichen Innovationsprozess. Alles gut? Kommt darauf an!

Firmen lassen sich manchmal dazu verleiten, sich eine Förderung zu holen, obwohl die geförderten Themen nur am Rande die wirklich wichtigen Unternehmens-Stoßrichtungen streifen. Damit wird das – für das Unternehmen eigentlich interessante Thema – leicht abgeändert und in den Rahmen der thematischen Vorgabe des Förderprogramms gepresst. Dadurch erreicht man zwar, dass man eine Förderung erhält, aber das Ziel verschwimmt und schlussendlich wird die Forschung und Entwicklung viel teurer, weil auf dem Weg zum wirklichen Ziel zu viele Umwege beschritten werden. Oft wird das Ziel gar nicht erreicht, weil sich die Forscher mehr darauf konzentrieren, die Förderbedingungen zu erfüllen, als das eigentlich für das Unternehmen nutzbringende Projektziel zu erreichen. Als einziges Ergebnis bleibt dann schlussendlich ein Bericht übrig, der das Unternehmen im Kampf um echte Innovationen keinen Zentimeter weiterbringt.

Unsere feste Überzeugung ist deshalb:

Starten Sie niemals ein gefördertes Projekt, das Sie ohne Förderung nicht auch gemacht hätten!

Sie blockieren sich damit nämlich selbst Ressourcen, die Sie auf Themen mit größerem Hebel für Ihr Unternehmen hätten setzen können. Dadurch schaden Sie sich mehr, als es Ihnen nützt. Fokus geht vor Förderung!

Falls sich die geförderten Themen jedoch gut mit den Unternehmens-Stoßrichtungen decken, spricht natürlich nichts dagegen, mithilfe dieser Geldspritze den Umfang der Aktivitäten in diesen Gebieten weiter auszubauen. Dann ist die Förderung für das Unternehmen eine wertvolle Unterstützung.

Fördergeber müssen sich unbedingt darüber im Klaren sein, dass bei der Gestaltung von Förderschienen der bürokratische Aufwand zur Inanspruchnahme der Förderungen auf das Minimalste beschränkt werden muss. Manchmal besteht nämlich zunächst ein wesentlicher Teil der Forschungsarbeit in der schriftstellerischen Verwirklichung in Form blumiger Antragsprosa und sprachlicher Einpassung des Projektziels in die Förderziele. So ist natürlich weder der Firma noch dem Fördergeber geholfen.

KEY TAKE-AWAYS

→ Starten Sie niemals ein gefördertes Projekt, das Sie ohne die Förderung nicht auch gestartet hätten. Lassen Sie sich durch die Aussicht auf eine Förderung nicht verlocken, ein Thema anzugehen, das Ihre Ressourcen bindet und Sie von wichtigeren Stoßrichtungen und Aufgaben abhält.

→ Fördergeber haben mit der Vorgabe von förderbaren Themen einen äußerst wichtigen Stellhebel in der Hand. Neben der richtigen Schwerpunktsetzung ist es dabei unheimlich wichtig, die Bürokratie für das Ansuchen um Fördermittel auf das absolute Minimum zu reduzieren.

Innovation lässt sich nicht delegieren – Keiner darf sich drücken

„Innovation? Klar machen wir das, da gibt's doch diese Abteilung, wie hieß die nochmal? Entwicklung? Oder war's doch Marketing? Ah, nein, jetzt fällt's mir wieder ein, da haben wir extra wen eingestellt, so einen Innovationsfuzzi, der kümmert sich bei uns darum!"

Wer ist in Ihrem Unternehmen verantwortlich für Innovation? Niemand? Eine einzelne Person? Eine ganze Abteilung? Sie wissen es nicht? Die Antwort ist ganz einfach: alle! Innovation ist ein Spiel, das man nicht alleine spielen kann. Nur wenn alle mitmachen, macht es auch Spaß und führt zum Erfolg. Das klingt erstmal logisch, und meistens erntet man mit so einer Aussage begeistertes Kopfnicken. Wenn es aber dann ums Innovieren geht, dann wird's tatsächlich ernst, und jede Abteilung wird aufgefordert, nun wirklich etwas beizutragen. Und dann trifft man nicht selten auf Widerstand und Ausreden, da der Innovationsbeitrag als Zusatzaufwand zum täglichen Geschäft wahrgenommen wird. In einem innovationsführenden Unternehmen kann das auf keinen Fall hingenommen werden, und man sollte von vornherein klarstellen:

→ **Innovation verursacht in allen Abteilungen Aufwand!**
→ **Jeder muss seinen Teil zur Innovation beitragen, alle Abteilungen und alle Hierarchiestufen!**
→ **Drücken gilt nicht!**

Alle müssen gemeinsam durch den Innovationsprozess marschieren, sobald nur einer zurückfällt, ist das gesamte Innovationsprojekt betroffen. Dies setzt natürlich erstmal voraus, dass alle zum richtigen Zeitpunkt in den Prozess eingebunden und informiert sind. Und dann heißt es: Abgestimmt handeln! Sie können sich vorstellen, was los ist, wenn der Vertrieb vorprescht und dem Kunden bereits ein fertiges

Produkt verkauft, obwohl dieses sogenannte Produkt erst in der Konzeptphase ist und Sie noch lange kein Licht am Ende des Entwicklungstunnels sehen. Umgekehrt ist es furchtbar ärgerlich, wenn Sie ein Top-Produkt mit USP entwickeln, aber die Markteinführung völlig versemmeln, weil Vertrieb und Marketing zunächst nicht eingebunden waren oder geschlafen haben und dann das Produkt hyperaktiv in den Markt drücken wollten. Oder Sie entwickeln ein Produkt, stimmen es sorgfältig mit Vertrieb und Marketing ab, der Markteintritt ist vorbereitet, und dann stellen Sie fest, dass Sie Ihr Wunderprodukt gar nicht qualitätssicher herstellen können.

Solche Beispiele ließen sich noch viele finden, aber Sie haben natürlich längst verstanden, worum es geht: Es reicht nicht, alle Abteilungen regelmäßig zu informieren und ins Boot zu holen, jede Abteilung muss auch etwas TUN, damit das Innovationsprojekt voranschreiten kann. Lassen Sie uns diesbezüglich einen Blick auf verschiedene Abteilungen werfen. Natürlich läuft es in allen Unternehmen ein wenig anders, doch es geht hier nur darum, die Idee zu vermitteln:

Noch bevor ein „echtes" Innovationsprojekt startet, sind oft Abteilungen wie Strategisches Marketing, Vorfeldforschung, Business Development und Strategie damit befasst, vielversprechende Stoßrichtungen zu erkennen und zu definieren. Sie sind diejenigen, die das Innovationsradar in die mittel- und langfristige Zukunft aufspannen und aus erkannten Chancen und Risiken Suchfelder ableiten.

Richtig zur Sache geht's dann in der Forschung- und Entwicklungsabteilung, sie ist sozusagen das Rückgrat der Innovation. Im Gegensatz zu den meisten anderen Abteilungen ist die F&E-Abteilung als Projektorganisation aufgesetzt und damit für das Durchführen von Innovationsprojekten perfekt aufgestellt. Idealerweise ist diese Abteilung intern und extern (mit den Kunden) ausgezeichnet vernetzt. Wichtig für die F&E ist die Erkenntnis, dass das Entwicklungsprojekt nur ein Teil eines Innovationsprojektes ist und andere Abteilungen frühzeitig ins

Boot geholt werden müssen, damit am Ende eine Innovation rauskommen kann.

Qualitätssicherung und Produktion sind hauptsächlich Tagesgeschäft-orientiert. Aber auch sie müssen – bereits während der Entwicklungsarbeit – einiges beitragen, bis die fertige Innovation auf dem Tisch liegt. Von der produktionsgerechten Konstruktion über Prototypenbau und Produktionsversuche bis zur Begleitung des Hochlaufs und der Markteinführung samt Reklamationsmanagement gibt es eine Vielzahl von Aktionen, die nicht nur einiges an Aufwand bedeuten, sondern manchmal sogar das Tagesgeschäft gefährden können (z.B. Produktionsversuche an der Belastungsgrenze der Anlagen).

Vertrieb, Marketing und Produktmanagement sind diejenigen Abteilungen, die nicht nur sehr viel Kunden-Know-how in die Produktentwicklung einfließen lassen (Was genau sind die Kundenanforderungen, wie hoch ist der Kundennutzen etc.?), sondern vor allem die wirtschaftliche Schiene im Innovationsprozess parallel zur technischen Schiene (Entwicklung, Produktion etc.) vorantreiben. Bereits bei der Bewertung von Ideen spielen diese Abteilungen eine wichtige Rolle, und die Erstellung von Marktabschätzungen, Marktanalysen, Markteintrittskonzepten, interne und externe Kommunikationsmaßnahmen, die Markenfindung sowie das Ausrollen des Produktes am Markt gehören zu ihren wichtigsten Aufgaben.

Das Innovationsmanagement ist häufig dafür verantwortlich, mit den anderen Abteilungen gemeinsam neue Ideen zu generieren und diese in die Innovationspipeline einzuspeisen. Außerdem unterstützt es durch Schaffung unterstützender Rahmenbedingungen, wie beispielsweise einem definierten Innovationsprozess, der hilft, den Informationsfluss zwischen den Abteilungen anzukurbeln und die richtigen Aktionen zur richtigen Zeit zu veranlassen. Zusätzlich monitort das Innovationsmanagement in manchen Firmen regelmäßig die Innovationskraft des Unternehmens.

Aber das ist natürlich noch längst nicht alles: Auch Abteilungen wie Patente, Normen, Finanz, Recht, Umwelt und viele mehr tragen häufig im Innovationsprozess bei. Man sollte sie auf keinen Fall außer Acht lassen, denn hier können sich fiese Markteintrittsbarrieren verstecken: Patentstreitigkeiten oder fehlende Normen haben schon so manches Projekt um Jahre verzögert.

Eine ganz wesentliche Rolle bei Innovationen hat das Management. Hier entscheidet sich, ob sich ein Unternehmen zum Innovationsführer entwickeln kann oder nicht. Die Führungskräfte sollten die Bedeutung von Innovation klarmachen und diese in ihren Entscheidungen auch immer wieder deutlich untermauern. Häufig gibt es Konflikte zwischen Tagesgeschäft und Innovationsbemühungen, und hier gilt es, mit Fingerspitzengefühl den Innovationsaktivitäten den Weg zu ebnen. Auch der Mehraufwand durch Innovation in allen Abteilungen muss bei Bedarf eingefordert werden (z.B. ein fälliger Beitrag zum Innovationsprozess). Überlegen Sie sich, ob Sie nicht in die Zielvorgaben Ihrer Führungskräfte das Thema Innovation als wichtigen Punkt mit aufnehmen sollten, damit diese auch daran gemessen werden. Wenn nämlich die Führungskräfte Innovation nicht konsequent unterstützen (und reden allein ist zu wenig), dann werden die wenigen innovationsbegeisterten Mitarbeiter häufig gegen Wände laufen und irgendwann ihre Bemühungen einfach aufgeben. Das Verhalten der Führungskräfte ist bei Innovation das Zünglein an der Waage!

Und die Firmenführung muss die Speerspitze der Innovation sein. Werfen Sie nochmal einen Blick auf das Bild mit den drei Aspekten der Innovation im Kapitel „Die drei Aspekte der Innovation – Idee, Markt und Geschäftsprozesse". In der Mitte, dort wo sich die drei Bereiche Technik, Markt und Geschäftsprozesse überlappen, liegt die Innovation. Und jetzt raten Sie mal, wer als Einziger in der Organisation alle diese drei Bereiche in der Hand hat?

KEY TAKE-AWAYS

➔ Innovationsarbeit kann nicht an einzelne Personen oder Abteilungen delegiert werden. Innovation versursacht in ALLEN Abteilungen Zusatzaufwand, alle müssen beitragen! Innovationsführer wissen das und fordern diesen Beitrag auch konsequent ein. KEINER DARF SICH DRÜCKEN! Wenn nur ein Rädchen im Innovationsuhrwerk klemmt, können Sie nur hilflos zusehen, wie Ihre Mitbewerber an Ihnen vorbeiziehen.

➔ Eine besonders wichtige Rolle hat dabei das Management. Ihre Führungskräfte müssen konsequent die Bedeutung von Innovation durch ihr Handeln (reden ist zu wenig) unterstreichen, um Innovationshürden zu beseitigen und das ganze Unternehmen mitzuziehen. Tun sie das nicht, werden die Widerstände gegen Innovation im Unternehmen wachsen, und Ihre Innovationskraft reduziert sich auf blumige Wortphrasen in Ihren Verkaufsprospekten.

➔ Alles steht und fällt mit der Unternehmensführung! Sie muss die Speerspitze der Innovation sein.

••

Schütze deine zarten Pflänzchen –
Forsche im Verborgenen

Eine Innovation ruft immer Widerstände hervor. Gibt es keine Widerstände, ist es keine echte Innovation. Schumpeter[24] definierte Innovation bereits als „schöpferische Zerstörung", die in manchen Fällen keinen Stein auf dem anderen lässt. Innovation bedeutet immer Veränderung, innerhalb und außerhalb der Unternehmens-Biosphäre, und Organismen reagieren auf solch eine Störung häufig ablehnend.[25] In einem Unternehmen gibt es sowas wie ein Immunsystem, das alle Arten von Störungen auszumerzen versucht. Es funktioniert so ähnlich wie in einem Regelkreis, jede Abweichung wird durch Gegensteuern möglichst treffsicher getilgt.

Woher kommt diese Reaktion in Unternehmen, die doch lautstark und mit aller Kraft ihre Innovationsfreudigkeit propagieren? Innovation

→ ist oft eine Störung des Tageschgeschäfts

(z.B. „Seid ihr wahnsinnig? Produktionsversuche für eure halbausgereiften Neuprodukte an den Fertigungsanlagen? Das kostet nicht nur Produktionszeit für Produkte, mit denen wir echt Geld verdienen, sondern wir riskieren damit auch eine Beschädigung der Anlage! Man, ihr seid ja vielleicht weltfremde Träumer …".),

→ bedeutet Zusatzaufgaben für Mitarbeiter aus zahlreichen Abteilungen

(„Jetzt sollen wir auch noch eine Marktanalyse für das neue unbekannte Produktkonzept XY machen, wo wir doch eh viel zu viel mit den bestehenden Produkten zu tun haben", „Warum sollen wir uns die Mühe machen, dem Kunden neue Produkte schmackhaft zu machen, wenn wir mit viel weniger Aufwand alte gut verkaufen können? …")

→ und bereitet dem Risiko-aversen Management etliches an Kopfschmerzen.

---

[24]   Joseph Schumpeter, österreichischer Nationalökonom und Politiker (1883–1950).
[25]   Hier nochmal der Hinweis auf das Buch „Das Neue und seine Feinde" von Gunter Dueck.

(„Geld verdienen wir mit der aktuellen Produktion! Daran werden wir gemessen! Was wollen die Spinner mit ihrer neuen Idee eigentlich von mir? Glauben die wirklich, ich übernehme die Verantwortung und werfe mich auf die Schienen für ein Projekt, das nicht nur schweineteuer ist, die Organisation belastet und höchstwahrscheinlich auch noch schiefgeht? Was soll ich denn da meinem Oberboss erzählen? Das ist ja schlimmer als Glücksspiel! Ich werde doch nicht dafür bezahlt, Risiko in die Organisation zu bringen! Und was hab ich davon? Klar ist Innovation wichtig, aber das sollen doch bitte die in der Forschungsabteilung machen und mich damit in Ruhe lassen! Das ist doch ihr Job, dafür werden sie schließlich bezahlt! Und wenn sie schon Management-Unterstützung brauchen, dann sollen sie doch zu meinem Kollegen gehen …").

Es gilt der Spruch: „Jeder liebt Innovation, bis sie ihn betrifft."[26]

Aus diesen vielfältigen Gründen wird Innovation häufig auf breiter Front abgelehnt, und diese Ablehnung öffnet einer gefährliche Spezies im Unternehmen ein breites Feld: dem Killer-Gorilla! So ein Innovationsprojekt ist zunächst nur ein zartes und verletzliches Pflänzchen, und diese leider in jeder Firma anzutreffenden militanten Rambos können es kaum erwarten, dieses zarte Gewächs unter Beifall der Mehrheit auszuradieren. Denn es gilt die schmerzhafte Wahrheit: Diese Projektkiller haben immer recht! Es ist lachhaft einfach, tausend scheinbare Gründe zu finden, warum aus einem jungen Innovationsprojekt niiiieee was werden kann. Dann wird das Projekt eingespart, und alle klopfen den Sensenmännern auf die Schulter: „Gut, dass du die Firma vor diesem bösen Projekt geschützt hast. War ja auch Schwachsinn, immerhin gab es ja das Problem XY und die Hürde YZ und überhaupt wär das nie was geworden." Und die Killer-Gorillas

---

[26] Der Urheber dieses treffenden Spruches ist uns leider nicht bekannt, wir haben ihn von einem Innovationsmanager eines großen europäischen Flugzeugherstellers zum ersten Mal gehört. Leider hat sich häufig bestätigt, dass er vollkommen Recht hatte!

trommeln sich auf die Brust und brüllen von ihrem Affen-Felsen: „Seht her, ich bin der große Beschützer des Unternehmens, ich habe uns vor diesem Schwachsinn bewahrt! Ist ja unglaublich, auf welche unrealistischen Ideen diese Verrückten kommen! Und dann wollen sie auch noch alle anderen mit reinziehen! Ich bin die Stimme der Vernunft, und ich sage euch, wir müssen wirklich nicht jeden Blödsinn mitmachen!" Und die meisten nicken brav, schütteln dann nochmal schmunzelnd ob des verrückten Gedankens den Kopf und wenden sich wieder ihrem Tagesgeschäft zu. Rest in Peace, liebe Innovation! Tja, Dr. No hat immer recht: Eine Gefahr für das Unternehmen wurde abgewendet! Aber, und Sie haben es natürlich sofort erkannt und fragen sich: Wenn dieses Immunsystem, das aus einem unendlichen Strom solider Eigeninteressen und innovationsfeindlichen Leistungsbewertungen gespeist wird, so effizient funktioniert, was kann man da tun, um diese Innovationsallergie zu umgehen?

Ein wichtiger Rat: Forschen und entwickeln Sie so lange es geht im Verborgenen! Oft hilft es, wenn man nicht zu früh rausposaunt, dass man an einem spannenden Thema – das vielleicht mal eine Innovation werden kann – werkelt, damit man sich nicht gleich dem Gegenwind der Risikovermeidung aussetzt. Manche Unternehmen schützen ihre zarten Pflänzchen mit einer bestimmten Kennzeichnung („Projekt darf nicht gecancelt werden!"), manche haben ein spezielles Risikobudget dafür reserviert, manche lagern Vorprojekte in eigene – windgeschützte – Abteilungen aus. Und viele finanzielle Duschen für Unternehmen gehen auf überzeugte und sture Mitarbeiter zurück, die in Alchemistenmanier heimlich – wahrscheinlich im Kämmerchen mit leuchtenden Augen – ihre Ideen konsequent in vielversprechende Konzepte und Prototypen transformiert haben.

Das gilt sowohl für interne als auch für externe Kommunikation. Machen Sie Ihrem Management nicht den Mund wässrig, wenn Sie Ihr Fünf-Sterne-Menü erst in fünf Jahren servieren können. Gackern

Sie auf keinen Fall über ungelegte Eier! Man darf sich nicht dazu hinreißen lassen, zu früh über ein Projekt zu euphorisch zu berichten, denn erfahrungsgemäß tauchen immer wieder Schwierigkeiten auf und alles dauert länger als geplant (siehe Kapitel „Alles dauert doppelt so lange und kostet doppelt so viel – Und lohnt sich trotzdem!"). Wenn das Projekt allerdings erfolgreich ist, dann kommunizieren Sie viel und oft (Siehe Kapitel „Tue Gutes und rede darüber – Kommuniziere einfach").

Und verkaufen Sie Ihren Kunden keine unreifen Früchte, sie könnten dies einerseits als Unfähigkeit beim Obstanbau interpretieren, andererseits sofort – und für Sie unerfüllbar – eine Lieferung genießbaren Obstes bestellen. Und außerdem wollen Sie doch nicht Ihre Konkurrenz frühzeitig auf ihr nächstes großes Ding aufmerksam machen, oder?

Wenn Sie sich dann mit Ihrer Innovationsidee „geoutet" haben, gilt die Einstellung beim Hindernislauf (siehe Kapitel „Innovation ist ein Hindernislauf und kein Spaziergang"): Kämpfen Sie für Ihr Thema! Auf keinen Fall beim ersten lauen Lüftchen aufhören! Ein Kunde gibt schlechtes Feedback? Super, dann wissen wir, was wir besser machen können. In der Produktion gibt's Schwierigkeiten? Na und, dann Ärmel hochkrempeln und Lösungen suchen. Es kostet natürlich viel Energie und Stehvermögen, und zuweilen macht man sich nicht überall beliebt (das ist der Grund, warum aalglatte stromlinienförmige Mitschwimmer nie gute Innovationen bringen), aber man muss manchmal wirklich kämpfen. Es gibt viele, wirklich viele, Beispiele von extrem erfolgreichen Innovationen, die als Projekt (manchmal mehr als einmal) abgedreht, heimlich weitergetrieben und letztendlich zum Aushängeschild von Unternehmen wurden. Und raten Sie mal: Dann – im Nachhinein – hat natürlich jeder an das Produkt geglaubt. Sogar die Killer-Gorillas. Klar, der Sieg hat viele Väter. Im Nachhinein ist jeder schlauer. Bis dahin meiden Sie aber bitte die übergescheiten, negativenergiegespeisten Ausbremser, wo immer Sie können.

KEY TAKE-AWAYS

→ In jedem Unternehmen gibt es ein mächtiges Risikovermeidungs-Immunsystem, das Innovationen in frühen Stadien gnadenlos ausmerzt. Vermeiden Sie es deshalb so lange wie möglich, Ihre zarten Pflänzchen diesem Rasenmäher auszusetzen. Zeigen Sie zunächst nur her, was Sie müssen, um weiterzukommen, und seien Sie mit Aussagen bezüglich Projektfortschritt und -erfolg in der Anfangsphase sehr zurückhaltend.

→ Richten Sie eventuell in Ihrem Unternehmen einen Schutzmechanismus für empfindliche, zunächst exotische Züchtungen ein, die sich später mal in einen Talerbaum verwandeln können. Und wenn das Innovationsprojekt schließlich am Tisch liegt, dann kämpfen Sie dafür. Meistern Sie den Hindernislauf der Innovation (siehe Kapitel „Innovation ist ein Hindernislauf und kein Spaziergang"), fahren Sie Ihre Kommunikationskampagne hoch (siehe Kapitel „Tue Gutes und rede darüber – Kommuniziere einfach") und ziehen Sie es durch!

Tue Gutes und rede darüber – Kommuniziere einfach

Vor allem technische Innovationen sind oft sehr komplex. Um sie im Detail zu verstehen, ist echtes Fachwissen nötig. Deshalb ist es ja auch so wichtig, dass die Kollegen in der F&E-Abteilung sich in den Grundlagen ihres Fachgebietes wirklich auskennen (siehe Kapitel „Echte Forscher lösen jedes Problem – Viele gute Ideen kommen aus der F&E"). Beim Kommunizieren von Innovationen sieht das aber ganz anders aus. Außer innerhalb der Fachabteilungen hat Kommunikation nicht den Zweck, dass der Zuhörer das Produkt im Detail versteht. Versuchen Sie erst gar nicht, alle technischen Details und Zusammenhänge zu erklären. Geben Sie sich nicht der Hoffnung hin, dass Ihre Zuhörer die Details verstehen wollen! Sie müssen auch nicht beweisen, wie intelligent Sie sind oder wie herausragend die technische Leistung bei der Entwicklung Ihres Produktes war. Nach spätestens zwei Minuten schlafen Ihren Zuhörern dann nämlich die Gesichter ein.

Wie Franz-Josef Strauß[27] so treffend formuliert hat: „Man muss einfach reden, aber kompliziert denken – nicht umgekehrt." Kommunikation hat die Aufgabe, eine komplexe Innovation soweit zu reduzieren, dass sie allgemein verständlich wird und Begeisterung hervorruft. Sie müssen Ihre Innovation so einfach vermitteln, dass die Zuhörer selbst weitererzählen können, worum es geht und warum das Ganze supergeil ist. Und Sie müssen immer und immer wieder kommunizieren, sowohl nach innen als auch nach außen. Die Bedeutung der richtigen Botschaften für eine Innovation kann gar nicht überschätzt werden.

Nehmen Sie das Beispiel Stahl. Ein äußerst komplexer Werkstoff, der vielfältigste Ausprägungen haben kann, deren Verständnis tiefes materialkundliches Wissen erfordert. Sie können sich nun hinstellen

---

[27] Ehemaliger deutscher Politiker (1915–1988).

und erzählen, dass Sie durch eine spezielle Legierung und einer ausgeklügelten Temperaturführung im Herstellungsprozess in der Lage sind, komplexe Gefügearten mit toller Eigenschaftscharakteristik zu erzeugen. Sie können aber auch folgende Geschichte erzählen: Normaler Schnee ist weich und gut zu Schneebällen formbar. Leider ist der Impact eines normalen Schneeballs in manchen Schneeballschlachten viel zu schwach. Eis wiederum ist viel härter, aber lässt sich aufgrund der schlechten Umformbarkeit nur schwer in einen Schneeball formen. Und jetzt kommt – tataaa – die Lösungsidee, die allen bösen Buben die Augen glänzen lässt: Mischen Sie normalen Schnee mit kleinen Eisstückchen! Aus dieser Mischung lässt sich wunderbar ein Schneeball formen, der einen nachhaltigen Eindruck erzielen wird. Und schon haben Sie die Grundlagen eines modernen Dualphasenstahls erläutert, ohne dass Ihre Zuhörer bereits nach drei Worten ausgestiegen sind.

Oder nehmen Sie Apple. Jeder kennt die Produkte, kaum einer kann aber die technischen Details nennen. Oder wissen Sie, welcher Prozessor im aktuellen iPhone ist? Um die Leistungsdaten geht es gar nicht, es geht darum, das Gefühl zu haben, ein wertiges, trendiges und innovatives Produkt in Händen zu halten. Natürlich muss es gute Qualität haben, gut verarbeitet und einfach zu bedienen sein, all das, was die Kunden wirklich wahrnehmen. Darüber hinaus spielt es kaum eine Rolle, ob der Akku ein wenig mehr oder weniger Kapazität hat als die Konkurrenz. Wen interessiert das? „Apple reinvented the phone!" Punkt.

Kommunizieren Sie sowohl intern als auch extern immer wieder gebetsmühlenartig Ihre Innovation. Gehen Sie nicht davon aus, dass einmal erzählen reicht. Häufiges Kommunizieren wirkt selbstverstärkend. Achten Sie darauf, dass Sie nicht belehrend oder reißerisch sind, kommunizieren Sie einfach, spannend und mit bester Laune, auch ein wenig Schmäh darf ruhig dabei sein. Die Zuhörer müssen sich wohlfühlen, sollen gerne zuhören und das Gefühl haben, dass sie etwas mitnehmen können.

Kommunikation schafft Wahrheit. Wer sein Produkt als Erster einfach, griffig und begeisternd kommuniziert, am besten in ein paar ganz einfachen Schlagworten oder einem einprägsamen Slogan verpackt, der schafft Fakten, die von der Konkurrenz nur mehr schwer widerlegbar sind. Stellen Sie sich vor, ein Automobilhersteller beginnt eine Kampagne, in der er behauptet, sein Fahrzeug biete ein wenig mehr Freude am Fahren als BMW, weil er ja eine etwas bessere Federung, eine leicht anders übersetzte Lenkung oder ein bisschen mehr Schmackes unter der Motorhaube habe. Wie wird der Markt wohl darauf reagieren? Gar nicht! BMW hat die Freude am Fahren sozusagen gepachtet, das kann keiner mehr ändern. Auch nicht, wenn jetzt der andere Anbieter in einer breiten Kommunikationskampagne seinen neuen Anspruch zu unterstreichen versucht: „Aber meins ist doch besser, ich hab ja extra XYZ eingebaut, und da gibt es ja auch eine Studie, die besagt …, und unabhängige Messungen bestätigen doch, dass …, und außerdem hab ich die Bremsen um 0,2 Prozent verbessert …". Keine Chance, diese Tür ist zu! Werden Sie in Ihrer Nische Innovationsführer, und erschaffen Sie durch einfache und begeisternde Statements eine Wahrheit, die von Ihrem Mitbewerb nur mehr schwer angreifbar ist.

Auch innerhalb des Unternehmens ist Kommunikation beim Thema Innovation äußerst wichtig. Sie werden oft in die Lage kommen, dass Sie Ihre Innovation verteidigen müssen. Spätestens dann sollten Sie eine potente Botschaft im Köcher haben, die in ihrer Klarheit den Kritikern die Luft abschneidet. Im Idealfall kommen Sie gar nicht in so eine Situation, da Sie, sobald die Zeit reif ist, die Vorteile Ihrer Innovation von befreundeten Spatzen von allen Dächern pfeifen lassen. Wenn die Innovation dann Unterstützung braucht, ist sie bereits bekannt, und im Idealfall glaubt noch jeder, er habe die Innovation selbst erfunden.

Aber Kommunikation ist nicht nur für die Innovation selbst wichtig, auch den daran beteiligten Abteilungen tut etwas Eigenwerbung gut. Trage stets zum Unternehmenserfolg bei. Das ist das oberste Ziel. Und wenn man sich ordentlich reingehängt hat, dann darf und soll man das auch erzählen. Gerade die F&E-Abteilungen, die sehr viel zum Gelingen einer Innovation beitragen, geraten alle paar Jahre wieder mal ins Schussfeld: „So viele Mitarbeiter, die im Tagesgeschäft kein Geld verdienen, sondern stresslos und unbedarft vor sich hinforschen! F&E bedeutet doch Freizeit & Erholung!" Halten Sie dagegen. Die F&E-Abteilungen sind oft stark unter Lieferdruck, sollen in kürzester Zeit neue Produkte aus dem Hut zaubern und übersehen leider hin und wieder, dass manchmal auch Werbung in eigener Sache nicht schadet. Gewöhnen Sie es sich doch an (und nehmen Sie sich die Zeit), aus gelungenen Projekten nicht nur zu lernen, sondern diese auch kurz zu feiern und die Erfolgsstory zu teilen.

KEY TAKE-AWAYS

→ Kommunikation – nach innen und nach außen – ist für eine Innovation überlebensnotwendig. Einmal kommunizieren bringt dabei gar nichts, lassen Sie die Gebetsmühlen niemals zum Stillstand kommen.

→ Kommunizieren Sie so einfach wie möglich. Reduzieren Sie komplexe Zusammenhänge, und gießen Sie Ihre Botschaft in kurze und verständliche Slogans. Ihre Zuhörer müssen die Innovation weitererzählen können: Worum geht's bei der Innovation und was ist daran so toll?

→ Vergessen Sie nicht, auch intern eine gelungene Innovation zu feiern! Wenn Sie (z.B. als F&E-Abteilung) dazu Wesentliches beigetragen haben, dann reden Sie auch darüber!

Echte Forscher lösen jedes Problem – Viele gute Ideen kommen aus der F&E

Die meisten Projekte scheitern an den Menschen, nicht an der Technik. Gute Forscher lösen so gut wie jedes Problem. Damit sie das aber können, muss man eine Strategie des Verstehens forcieren: Lassen Sie Ihre Forscher ein tiefes Verständnis für die Themen aufbauen. Geben Sie Ihnen die Freiheit, auch mal knietief in den Grundlagen zu wühlen und Probleme wirklich zu durchdringen.

Natürlich gibt es auch einen anderen Zugang: Sie ignorieren die Grundlagen und versuchen trotzdem – à la Trial and Error – möglichst schnell neue Produkte zusammenzuschustern. Diese Vorgehensweise findet man oft bei Unternehmen, die eine F&E-Abteilung für überflüssig halten oder wo die Forscher derart mit Tagesgeschäft zugeschüttet sind, dass sie keine Zeit haben, sich tiefer mit ihrer Materie auseinanderzusetzen. Der Klassiker hierbei ist, wenn die Forschungsbeauftragten gleichzeitig als Qualitätsstelle fungieren. Dann sind sie dem niemals endenden Bombardement von superdringenden Anfragen und Reklamationen volle Breitseite ausgeliefert und wissen nicht mehr, wo sie zuerst hingreifen sollen. Davon raten wir dringend ab. Was Sie brauchen, sind echte Forscher und Entwickler, die über ein umfassendes Know-how in den für Ihre Branche wichtigen Wissensgebieten verfügen und dieses dann mit Begeisterung in Ihre Produkte einfließen lassen. Solche Forscher überwinden alle technischen Herausforderungen und lassen sich durch nichts aufhalten.

Das bedeutet zunächst einmal nichts anderes, als zu investieren und etwas Geduld aufzubringen. Vielleicht kennen Sie den ersten Hauptsatz der Thermodynamik:

Von nichts kommt nichts!

Sie müssen zuerst was reinstecken, damit Sie später die Früchte ernten können. Die Innovationsmaschine, die von selbst zu sprudeln beginnt, gibt es nicht! Und wenn man keine Forscher beschäftigt oder die F&E-Abteilung aushungert, dann darf man sich nicht wundern, wenn es keine neuen Entwicklungsthemen gibt. Das ist leider ein im Management weit verbreiteter, aber ziemlich kurzsichtiger Zugang: „Liebe Forscher, fragt nicht nach mehr Budget. Wenn ihr eine gute Idee habt, dann kommt, und wir finanzieren sie dann vielleicht …" Sie müssen Ihre Forscher mit dem nötigen Geld und der erforderlichen Zeit ausstatten, damit sie das Schwungrad der Innovation – zunächst mühevoll und langsam – in Bewegung setzen können.

Echte Forschung und Entwicklung dauert manchmal wesentlich länger als eine Trial-and-Error-Methode, die vielleicht schneller Produkte hervorbringen kann. Aber damit ist es ja noch lange nicht getan. Sobald sich beispielsweise in der Produktion Probleme ergeben, wird dann planlos herumgedoktert, und man verliert dadurch noch viel mehr Zeit und – noch schlimmer – das Ansehen beim Kunden. Hat man das Problem gründlich verstanden, kann man zügig die Ursachen von Produktionsfehlern oder Kundenreklamationen erkennen und obendrein beim Kunden Vertrauen aufbauen. Das Verständnis der Grundlagen ist daher keine akademische Pflichterfüllung, sondern kann an vielen Stellen Ihres Innovationsprozesses für Ihren Projekterfolg ausschlaggebend sein. Und das nicht nur in technologieintensiven Branchen.

Gutes Produkt- und Prozessverständnis macht die F&E-Abteilung aber neben einem ausgezeichneten Problemlöser auch zu einer wertvollen Quelle für Ideen: Die besten Ideen kommen nämlich häufig aus diesem Eck. Sofern Sie Ihre Forscher nicht in ein Kämmerlein gesperrt oder sonstwie von der Außenwelt und vom Rest des Unternehmens isoliert haben (siehe Kapitel „Elfenbeinturmforschung funktioniert nicht"), haben sie nämlich exzellente Voraussetzungen für neue Ideen: Sie sind von Natur aus neugierig, sind es gewohnt, in die Zukunft zu denken, sind häufig mit den Kunden in Kontakt (bei Produktentwicklungen, Reklamationen etc.), sind im Unternehmen gut vernetzt (natürlich mit Produktion und Qualitätsstelle, aber genauso mit Verkauf und Marketing etc.) und – jetzt kommt's – verfügen über ein tiefes Verständnis für Technologien, Produkte und Kundenanforderungen. Das sind genau die Zutaten für ein laut hörbares „KLICK", und schon ist eine neue Idee geboren. Also setzen Sie dort den Ideenstaubsauger an, und Sie werden überrascht sein, was alles zum Vorschein kommt.

Das heißt natürlich nicht, dass Sie andere Ideenquellen ausklammern sollen! Kunden, Lieferanten, Mitbewerber, Trends, Strategie, die Community und natürlich die eigenen Mitarbeiter sind fruchtbarer Boden für Innovationsanstöße. Aber speziell in technologieorientierten Unternehmen sind Ihre Forscher – sofern die Bedingungen stimmen – oft eine wahre Goldgrube. Legen Sie noch heute eine Mine an!

KEY TAKE-AWAYS

→ Installieren Sie eine vernünftige F&E-Abteilung, und geben Sie Ihren Forschern die Möglichkeit, sich tief in die Grundlagen ihrer Materie einzuarbeiten. Durch wahres Verständnis sind sie dann in der Lage, fast jedes Problem zu lösen und damit den Innovationsprozess wesentlich zu beschleunigen.

→ Gerade in technologieintensiven Unternehmen ist die F&E-Abteilung eine Goldgrube an Innovationsideen. Lassen Sie diesen Schatz nicht ungenutzt!

Zuviel Kooperation zerstört alles – Netzwerk versus Partnerschaft

Networking ist so in wie noch nie, und Schlagwörter wie „Open Innovation" oder „Clusterland" vermitteln den Eindruck, dass es nie genug Kooperation geben kann. Auf den ersten Blick klingt das auch logisch: Viele Partner in einem großen Netzwerk bringen viel an Erfahrung, Wissen und Ressourcen ein. So ein Netzwerk müsste dann eigentlich die schwierigsten Probleme lösen und die besten Ergebnisse bringen können. Also rotten wir uns doch zusammen und zeigen der Welt, wo der Innovationshammer hängt!

Wir wollen bestimmt keine Spielverderber sein, aber es gibt da ein kleines Problem: Je größer und unstrukturierter das Netzwerk, desto weniger kommt raus! Also lassen Sie Konfetti und Partyhütchen erstmal stecken und werfen Sie mit uns einen differenzierten Blick auf den Unterschied zwischen einem wabernden Netzwerk und gezielter Partnerschaft.

Ein „waberndes Netzwerk" entsteht häufig dann, wenn sich Teilnehmer zusammenschließen (oder – z.B. aufgrund einer politischen Initiative – zusammengewürfelt werden), die das Interesse an einem bestimmten Wissensgebiet teilen. Schnell formt sich eine Struktur, regelmäßige Treffen werden organisiert, es wird fleißig Austausch betrieben, sehr unspezifische Ziele werden formuliert, Protokolle werden geschrieben, geschäftiges Treiben hält Einzug. Das Problem dabei ist häufig, dass die Ziele viel zu unpräzise, die Aufgaben nicht eindeutig verteilt, die Interessen unklar sind und der Wille zur Umsetzung schwach ist. Besonders ausgeprägt zeigen sich diese Umstände, wenn das – alle verbindende – Thema ein nicht klar umrissenes Hype-Wort ist (z.B. Open Innovation), die Teilnehmer aus völlig unterschiedlichen Welten stammen (regionale und überregionale politische Organisationen, gemischt mit Unternehmen, die oft kaum Gemeinsamkeiten haben, garniert mit schwachbrüstigen Vertretern unterschiedlich bedeutsamer Netzwerkinitiativen) und die Ziele ähnlich präzise formuliert sind wie „die Region nach vorne bringen".

Dann freuen Sie sich doch auf ein sinnbefreites Miteinander bei Brötchen, Kaffee und Gebäck, und verwahren Sie die dabei erbeuteten Visitenkarten gut, denn viel mehr werden Sie aus dieser Initiative wohl nicht mitnehmen können. In einem wabernden, unübersichtlichen Netzwerk aus vielen Akteuren, wo jeder mit jedem herumfuhrwerkt, eigentlich keiner genau weiß, wo die Schnittstellen sind, wer was beitragen soll und welche Einzelinteressen bei jedem dahinterstecken, wird niemals etwas richtig funktionieren.

Aber auch eine gezielte Kooperation unter potenten Partnern, die zunächst mit einer klaren Zielvorstellung beginnt, kann sich schleichend in ein waberndes Netzwerk verwandeln, wenn man vorschnell und unüberlegt andere Teilnehmer ins Boot holt. Denn welche Boote sind die schnellsten? Diejenigen, bei denen die Rollen klar verteilt sind, jeder seine Aufgabe genau kennt, alle Mitglieder der Crew perfekt eingespielt sind und wo jeder 110 Prozent gibt, mit dem klaren Ziel, zu gewinnen.

Sollte man als Innovationsführer also ein Einzelkämpfer sein? Keineswegs, das wäre sogar ein schwerer Fehler! Man sollte aber einen anderen Ansatz wählen: den der Partnerschaft. Eine ideale Partnerschaft besteht aus zwei exzellenten Partnern, die beide zum klar formulierten Ziel Wesentliches beitragen können und die beide aus der Kooperation einen Nutzen ziehen.[28] Dadurch ergibt sich nicht nur eine Win-win-Situation, sondern auch Schwung und Ausdauer. Der Nutzen kann dabei so unterschiedlich sein wie die Partner selbst. Eine Partnerschaft aus einem Unternehmen und einer Universität kann wunderbar funktionieren, der jeweilige Nutzen kann dabei beispielsweise auf der einer Seite Wissenszuwachs, auf der anderen Seite klingende Münzen bedeuten. Zwei Industrieunternehmen kooperieren vielleicht, weil sie nur gemeinsam ein herausforderndes Entwicklungsziel meistern können

---

[28] Achten Sie dabei aber unbedingt darauf, Ihr wichtigstes Know-how zu schützen, siehe Kapitel „Know-how-Schutz versus Open Innovation – Nackt ins Büro?".

oder weil die Kunden aus Gründen der Risikominimierung keinen Single Supplier akzeptieren. In einer immer stärker global vernetzten Wirtschaft können Partnerschaften – selbst mit Mitbewerbern – ein großer Erfolgsfaktor für Innovationen sein. Wichtig ist ein gemeinsames Ziel, bei dem beide etwas davon haben, wenn es erreicht wird. Dies besteht meist darin, schwierige Innovationshürden (müssen nicht nur technischer Natur sein) zu meistern.

Also dürfen Innovationsführer immer nur mit einem Partner kooperieren? Nein, das wäre viel zu kurz gegriffen. Natürlich ist es genauso legitim, wenn man z.B. für ein Projekt eine Partnerschaft mit zwei oder drei Partnern eingeht, die jeweils selbst wieder weitere Partner haben können, sofern immer das gemeinsame Ziel, eine klare Aufgabenteilung und das Win-win-Denken im Vordergrund stehen. Aber denken Sie daran: Auch hier gilt der Leitsatz „Zuerst wer, dann was" (siehe das namensgleiche Kapitel). Nehmen Sie sich die Zeit für die richtige Partnerwahl, und sobald die Partnerschaft geschmiedet ist, geben Sie Vollgas!

Prinzipiell sollte man immer darauf abzielen, nur mit den Besten zu kooperieren. Wir streben ja Innovationsführerschaft an (Kapitel „Vorne ist immer Platz – Gut sein ist zu wenig") und setzen diese Vision konsequent um (Kapitel „Eine Vision wird Realität – Über Sehnsucht, Meer und Konsequenz"). Deshalb kann es keinen Sinn machen, sich nicht die Besten zu holen, seien es nun Kunden, wissenschaftliche oder sonstige Partner. Die sind aber etwas teurer und Sie wollen lieber sparen? Können Sie gern, und jetzt hopphopp zurück auf die Reservebank der Follower (wo bereits bestens trainierte Sportler auf ein Match mit Ihnen warten).

Es gibt allerdings eine Ausnahme, die dabei beachtet werden muss. Achten Sie auf den Kooperationsaufwand. Dieser Aufwand kann z.B. aus räumlicher Distanz, Kulturbarrieren oder Kommunikationsproblemen bestehen. Wenn Ihr Kooperationspartner für Sie nicht einfach zu erreichen ist, dann suchen Sie sich einen, mit dem Sie leichter arbeiten können, z.B. in der Nähe. Aber aus diesem Kreis natürlich wieder den Besten. Gestaltet sich die Zusammenarbeit nämlich aufgrund der beschriebenen Hürden als schwierig, werden Sie niemals das volle Potenzial der Kooperation ausschöpfen können.

• •

KEY TAKE-AWAYS

→ Meiden Sie „wabernde Netzwerke" mit vielen Akteuren, unklarer Zielsetzung und Rollenverteilung, unübersichtlichen Einzelinteressen und mangelndem Willen zur harten Innovationsarbeit. Wiederkehrende Interessensbekundungen und ewige Unterstützungsbeteuerungen samt halbherzigen und pseudohaften Umsetzungsbemühungen bringen Sie auf Ihrem herausfordernden Pfad der Innovation nicht weiter.

→ Innovieren Sie, wenn nötig, in echten Partnerschaften, mit einem exzellenten Partner, klarem herausforderndem Ziel, eindeutiger Rollenverteilung und hohem Umsetzungswillen. Achten Sie auf folgende Kriterien:

  – ein klares (und herausforderndes) Ziel, das Sie auf Ihrem Innovationsweg wirklich weiterbringt (bei reinem Austausch ist das selten der Fall),

  – exzellente Teilnehmer, die sich ergänzen, indem sie Wesentliches zum Erreichen des Ziels beisteuern können.

  – Die Partnerschaft ist für alle Partner ein Gewinn. Die Eigeninteressen liegen von Anfang an offen und alle Partner sind sich ihrer Rolle und der zugeordneten Aufgaben bewusst.

  – Alle Teilnehmer müssen hundertprozentig dem Ziel verpflichtet sein und mit voller Kraft und Exzellenzanspruch darauf hinarbeiten.

  – Halten Sie Ihr Partner-Netzwerk so schlank wie möglich, konzentrieren Sie sich auf die Sache, und sparen Sie sich pompöse Events.

→ Kooperieren Sie grundsätzlich nur mit den Besten, um Ihre Innovationsführerschaft zu sichern. Nur wenn sich eine Kooperation mit den Besten – z.B. aufgrund großer räumlicher oder kultureller Barrieren – als zu aufwändig erweist, schränken Sie die Auswahl an möglichen Partnern z.B. räumlich ein. Aber in dieser neuen Gruppe suchen Sie sich natürlich wieder die Besten!

Know-how-Schutz versus Open Innovation – Nackt ins Büro?

Gehen Sie in der Unterhose ins Büro? Oder mit dem Anzug ins Freibad? Tragen Sie Smoking zum Bowlingabend oder kommen nackt zur Vorstandsrede? Nein? Schwachsinn? Dann fragen wir Sie, warum sollten Sie es dann als Unternehmen tun?

„Open Innovation", „Co-Creation" etc. sind Schlagworte, hinter denen sich zwar viel nützliches Potenzial verbirgt, die aber häufig völlig falsch verstanden werden. Oft hört man: Öffnen wir doch unseren Innovationsprozess! Da werden dann löchrige Innovationstrichter auf Folien gemalt und mit Fehlaussagen wie „Wir müssen an jeder Stelle unseres Prozesses offener sein, damit wir erfolgreicher werden!" verschlimmert. Wir sagen: Vorsicht ist angebracht!

Open zu sein ist in! Wer nicht schon längst auf der Open-Innovation-Welle schwimmt, ist bereits altes rostiges Eisen. Zumindest wird das auf vielen Konferenzen vermittelt, und nicht wenige Berater haben damit eine schwache Stelle im Unternehmensgewissen ausgemacht und setzen dort gnadenlos den Hebel an. Sollten wir da mitmachen? Und wie open sollten wir sein? Bei welchen Gelegenheiten? Überlegen Sie sich das gut, eine Fehlentscheidung kann dem Unternehmen nachhaltig Schaden zufügen! Das Schlimmste, was Sie machen können, ist, für alle Ihre Gebiete und Projekte, in denen Sie tätig sind, in wabernden Netzen planlos zu kooperieren und gleich mal Ihr bisheriges Wissen bereitwillig mit allen zu teilen, nach dem Motto: „Ich werf' jetzt mal rein, was ich hab', die anderen werden mein edles Handeln bestimmt zu würdigen wissen und ebenfalls ihr gesamtes Wissen in der Gemeinschaftswolke bündeln!"

Seien Sie hier bitte nicht blauäugig, Hausverstand ist angesagt. Es gibt nämlich unterschiedliche Arten von Know-how, und die sind unterschiedlich wertvoll und damit auch unterschiedlich schutzbedürftig.

Allgemeines Branchen-Know-how, der Stand der Technik etc. gehören in den eher unkritischen Bereich. Jeder kann sich dieses Wissen besorgen, und es zu besitzen bietet Ihnen keinen Wettbewerbsvorteil.

Erfahrungswissen, das Sie und manche Mitbewerber haben, die sich schon länger auf dem Markt tummeln, ist da schon wesentlich wertvoller. Das können gewisse Marktmechanismen, das Wissen um die wichtigsten Messen in Ihrer Branche oder auch Ihre besten Kontakte bei den Zulieferern sein. Broadcasten Sie es nicht leichtfertig und unreflektiert in die Community hinaus, es ist sozusagen die Eintrittskarte, die sich neue Mitbewerber erstmal verdienen müssen, um im Spiel zu sein.

Sobald es aber um Ihr Kern-Know-how geht, müssen sofort alle Alarmglocken läuten und die roten Lichter blinken! Ihr Vorsprung ist heilig! Wertvolles Produktionswissen, tiefgreifende technische Erkenntnisse, Roadmaps oder auch Strategien sind Ihre Kronjuwelen. Da ziehen Sie sich wirklich aus. Überlegen Sie sich gut, wo Sie wirklich nackt auftreten wollen. Hier spielen Sie mit dem Feuer, und unbedachtes Vorgehen kann Ihr Unternehmen schmerzhaft zurückwerfen. Gehen Sie niemals davon aus, dass sich Informationen nicht verbreiten. Mitbewerber lesen Ihre Mitarbeitermagazine (die eigentlich nur intern verteilt werden), sie bekommen mit, was Sie im Newsletter an Ihre Mitarbeiter verschicken, und Sie sammeln systematisch alle Informationen, die Ihre Mitarbeiter wie Kuchenkrümel bei den verschiedensten ungefährlich wirkenden Gelegenheiten nach außen leaken.

Häufig beobachtet man auf technischen Konferenzen, wie Wissen unbeabsichtigt an die Konkurrenten verschenkt wird. Wissen zu verschenken ist Aufgabe der Universitäten. Als Unternehmen sollten Sie auf Konferenzen vielmehr berichten, was Sie machen – sofern Sie damit keine strategisch wichtige Stoßrichtung entblößen –, als genau zu erzählen, wie Sie es gelöst haben. Hier ist immer wieder zu beobachten, wie leichtsinnig manche von der Sache begeisterten Forscher ihr intimstes technisches Know-how bereitwillig an die im Auditorium sitzenden und mit Luchsohren lauschenden Mitbewerber verschenken. Seien lieber Sie derjenige, der die Lauscher ganz weit aufsperrt! Sie werden staunen, was manche (aber sicher nicht alle) Mitbewerber enthüllen. Werden manche Forscher am Ego gepackt, dann zeigen sie, was sie alles können (und wissen), und der damit einhergehende Striptease ist kaum mehr jugendfrei! Auf Konferenzen und ähnlichen Broadcast-Veranstaltungen ist aber vollste Zurückhaltung angesagt!

Etwas intimer wird es natürlich bei Kooperationen mit anderen Unternehmen oder universitären Partnern. Doch auch hier sollten Sie Ihre Partner weise wählen und nur das Wissen teilen, das für das Gelingen des Projektes notwendig ist. Notfalls vereinbaren Sie einen Geheimhaltungsvertrag! Keinesfalls dürfen Sie auf einer schiefen Ebene kooperieren, bei der Sie der Lehrer sind und Ihr Wissen in Strömen abfließt! Und behalten Sie besonders Ihr erfolgskritisches Wissen für sich! Sie lassen ja auch keine Fremden in Ihr Schlafzimmer, oder?

Kunden gegenüber kann man manchmal etwas offener sein, aber auch hier ist Vorsicht angebracht. Natürlich wollen Sie Ihrem Kunden im Zuge eines Auftrags oder einer gemeinsamen Entwicklung zeigen, dass Sie in Ihrer Materie nicht nur sattelfest, sondern auch der Vorreiter sind. Noch besser als darüber zu reden ist es jedoch, dem Kunden mit tollen Produkten zu beweisen, dass man die bessere Wahl ist! Reden ist Silber, Handeln ist Gold! Je größer das Vertrauensverhältnis, desto tiefer können Sie Ihren Kunden blicken lassen. Aber seien Sie wachsam für Anzeichen der Indiskretion: Wenn Ihnen ein Kunde intime Informationen über Ihren Mitbewerber erzählt, was denken Sie dann, wird er mit Ihrer Info machen, sobald Sie Ihren Hintern aus seinem Büro rausdrehen?

Schärfen Sie Ihren Mitarbeitern ein, dass Sie das Know-how der Firma um ihres eigenen Kopfes Willen schützen müssen. Und vergessen Sie nicht, Ihre besten Köpfe an Ihre Firma zu binden (siehe Kapitel „Zuerst wer, dann was"), denn wenn die zu open sind, sind sie weg.

KEY TAKE-AWAYS

→ Ihr Wissen macht Ihr Unternehmen aus, teilen Sie es nicht leichtfertig. Ihr Vorsprung ist heilig! Werfen Sie keinesfalls Ihr Wissen in ein unübersichtliches Netzwerk, und teilen Sie es nicht mit jedem, der Sie darum bittet! Open Innovation heißt nicht, dass Sie nackt durch die Welt laufen und jedem Ihre Geheimnisse zeigen sollen! Offenbaren Sie immer nur so viel, wie der Situation angemessen ist. Wissen hat keine Heimat, und wer nach allen Seiten offen ist, ist nicht ganz dicht!

→ Auf Broadcasting-Veranstaltungen wie Konferenzen oder Messen ziehen Sie sich warm an und halten Sie sich bedeckt. Hier werfen Sie Ihre Infos den Mitbewerbern geradewegs in deren gierigen Schlund.

→ Bei Kooperationen im Sinne einer echten Partnerschaft (siehe Kapitel „Zuviel Kooperation zerstört alles – Netzwerk versus Partnerschaft") können Sie ein Stück weiter aufmachen. Es kann vorkommen, dass Sie wichtige Informationen teilen oder dem Partner in gewissen Bereichen unter die Arme greifen müssen. Kooperieren Sie aber niemals auf schiefer Ebene (wo Ihr Wissen einfach abfließt, ohne dass Sie etwas Neues lernen), und betreiben Sie keinen Know-how-Verkauf, sondern immer nur einen Tausch. Auch hier gilt: Die Kronjuwelen (= das für Sie unternehmenskritische Wissen) werden nicht angetastet!

→ Noch eine Spur enger kann es bei Kooperationen oder Projekten mit den Kunden zugehen. Hier kann man ausgewählten Partnern schon mal einen Blick in die eigene Welt gestatten. Aber auch dabei ist Vorsicht angesagt. Wenn sich ein Kunde als indiskret gegenüber Ihrem Mitbewerb outet, ist er auch für Sie nicht mehr als zuverlässig zu bewerten!

Kapitel 3

LERNEN SIE – Der Blick zurück ist der Blick nach vorne: Immer besser werden

Sie haben bereits ein paar Innovationserfolge eingefahren? Einige Bälle ins Innovationstor gebracht? Ausgezeichnet! Nun gilt es, die Innovationsführerschaft dauerhaft abzusichern. Wie Sie immer besser werden und vorne bleiben können, lesen Sie in diesem Kapitel.

Alles dauert doppelt so lange und kostet doppelt so viel - Und lohnt sich trotzdem!

Wenn es um Innovation geht, verkalkulieren wir uns ständig. Wir schätzen einen Projektaufwand, die Dauer, die Kosten, die möglichen Probleme und Risiken sowie den möglichen Projekterfolg (z.B. in Form von Deckungsbeiträgen und verkaufter Menge) sorgfältig ab, geben einen Sicherheitspolster obendrauf und glauben fest daran, dass wir es so schaffen. Doch die Realität zeigt: Weit gefehlt! In Wahrheit ist bei einem Innovationsprojekt eine Kalkulation zu Projektbeginn nicht viel mehr als Kaffeesudleserei, denn bei Innovation haben Sie es immer mit noch unbekannten Faktoren zu tun, und eigentlich wissen Sie erst zum Schluss, wie sich das Projekt wirklich entwickelt hat. Technische Entwicklungen sind oft schwer vorhersehbar, kleine und unbedrohliche Herausforderungen können zu hohen Hürden werden, die weitere Iterationszyklen im Projekt erfordern, und damit die Time to Market stark verzögern. Die Akzeptanz am Markt ist für wirklich neue Produkte ebenfalls nur sehr schwer einzuschätzen, und die Phase der Markteinführung kann sich um ein Vielfaches verlängern. Wenn wir wirklichen Innovationen gegenüberstehen, dann tappen wir ziemlich lange im Dunkeln. Wir wissen nicht, wie lange unser Hindernislauf dauern wird, und wir haben keine Ahnung, welche Hindernisse uns diesmal genau erwarten werden. Wie beim Spartan Race gilt: „You'll know at the finish line!"[29]

Sollten wir deshalb aufhören, unsere Projekte zu planen, ist ein Zeitplan genauso sinnlos wie ein Business Case, in dem der erwartete Projektaufwand dem Projektnutzen gegenübergestellt wird? Alles sinnlose Glaskugelschau? Das sehen wir nicht so, aber wir plädieren – so wie Sie es bereits schon von uns kennen – für eine möglichst pragmatische Schätzung ohne viel bürokratischen Aufwand. Lassen Sie Ihre

---

[29]   www.spartan.com.

Projektleiter ruhig weiterhin einen groben Zeitplan erstellen und eine ungefähre Kosten/Nutzenrechnung durchführen. Dies hat den großen Vorteil, dass alle am Projekt Beteiligten unternehmerisches Denken entwickeln. Zahlt sich ein Projekt für das Unternehmen aus? Wie lange und wie viele Ressourcen werden wir brauchen? Aber machen Sie bitte keine Dissertation daraus, und seien Sie gewahr, dass anfängliche Schätzungen meist nicht halten, das ist nunmal logische Konsequenz, wenn man sich mit Unsicherheiten à la Innovation einlässt. Und hegen Sie keine falschen Erwartungen. Innovationsprojekte haben nicht das Ziel, sich innerhalb kürzester Zeit zu amortisieren, sondern sind der einzige Weg, auf dem Ihr Unternehmen mittel- und langfristig wettbewerbsfähig bleibt.

Unsere Erfahrung zeigt: Bei der Mehrheit der Projekte brauchen wir mindestens doppelt so viel Zeit und Geld wie geplant. Doch ist dies ein Weltuntergang? Mitnichten! Es gibt nämlich auch eine gute Nachricht: Wenn wir auf die richtigen Projekte setzen (z.B. mit genügend Innovationsabstand, siehe Kapitel „Eine Innovation muss begeistern – Entlocke dem Markt ein WOW!"), d.h. Produkte mit echtem Vorteil entwickeln, dann heben diese oft wirklich ab, und wir verdienen damit ein Vielfaches von dem, was wir uns erträumt haben. Denn auch der Projekterfolg ist zunächst kaum abschätzbar. Innovation ist hart, aber der Lohn dafür oft unglaublich hoch!

Ähnlich wie es beim Spartan Race unterschiedliche Hindernisläufe gibt, vom Spartan Sprint (mindestens drei Meilen, mindestens 15 Hindernisse), über das Spartan Super (mindestens acht Meilen, mindestens 20 Hindernisse) bis zum wirklich fiesen Spartan Beast (mindestens zwölf Meilen, mindestens 25 Hindernisse), sind Ihre Innovationsprojekte unterschiedlich herausfordernd. Da gibt es inkrementelle Weiterentwicklungen, innovative Projekte und hoch innovative Projekte, und ähnlich dem Spartan Race wissen Sie nicht genau, wie lange der Lauf dauern wird und welche Herausforderungen auf Sie zukommen. Doch setzen wir uns nun an der Startlinie ins Gras und beginnen zu kalkulieren?

Werten Sie Tabellen der letzten Läufe aus oder machen Sie eine repräsentative Umfrage unter allen bereits schon einmal dabei gewesenen Teilnehmern, um die wahrscheinlichste Konstellation für das vor Ihnen liegenden Rennen zu berechnen? Natürlich nicht, denn erstens wäre das sinnlos (es kommt garantiert anders, als Sie prognostizieren), zweitens würden Sie sich nur unnötig nervös machen und drittens wäre das Rennen vorbei, bevor Sie Ihren Hintern auch nur über die Startlinie geschoben hätten. Nehmen Sie die groben Parameter, die Sie haben (z.B. drei bis sechs Meilen, 15 bis 20 Hindernisse), trainieren Sie anständig (siehe Kapitel „Innovation ist ein Hindernislauf und kein Spaziergang") und vor allem konzentrieren Sie sich auf die nötige Einstellung, um durchhalten zu können. Denn genau wie bei dieser sportlichen Herausforderung müssen Sie die Innovationsfähigkeit Ihres Unternehmens trainieren und das nötige „Innovation Mindset" entwickeln, um herausfordernde Projekte erfolgreich zu meistern.

KEY TAKE-AWAYS

→ Innovationsprojekte dauern fast immer länger als geplant, werfen dafür aber – Produkte mit genügend Innovationsabstand vorausgesetzt – auch oft viel mehr ab als prognostiziert. Die Unsicherheit, die mit Innovationsvorhaben einhergeht, macht eine genaue Planung zur Kaffeesudleserei.

→ Planen Sie Ihre Innovationsprojekte zunächst nur grob, und verfeinern Sie die Planung erst mit dem Projektfortschritt. Halten Sie sich nicht zu Beginn mit detaillierten Prognosen auf. Seien Sie unbürokratisch, pragmatisch, und bleiben Sie flexibel.

→ Am Beginn eines Innovationsprojektes ist das richtige „Innovation Mindset" (siehe Kapitel „Innovation ist ein Hindernislauf und kein Spaziergang") wesentlich wichtiger als eine exakte Projektplanung. Werfen Sie die Nerven nicht weg, am Ende wird alles gut!

Einfach ist besser!

Unsere Welt wird immer dynamischer und zunehmend komplexer. Immer leistungsstärkere Technologien haben nicht nur unsere Produkte, sondern unser gesamtes Leben durchdrungen und völlig verändert. Die Welt ist mittlerweile tatsächlich ein Dorf, in dem sich Milliarden von Menschen in Sekundenschnelle austauschen können, um gemeinsam nach immer neuen und innovativeren Lösungen für ihre Bedürfnisse zu rufen. Rund um den Globus arbeiten Hightech-Schmieden an mit Zukunftstechnologien gespickten Produkten von Morgen. Unglaubliche Fortschritte in allen Disziplinen, von der Rechnerleistung bis zur Nanotechnologie, ermöglichen ungeahnte Innovationssprünge. Deshalb klingt es völlig einleuchtend, dass auch unsere Ideen, Lösungsansätze und Produkte immer komplexer werden müssen, um diesem herausfordernden Umfeld Rechnung zu tragen. Komplexität kann man doch nur mit noch mehr Komplexität beikommen, oder?

Weit gefehlt! In der Praxis gilt nämlich die Regel:

Je einfacher, desto besser!

Und das (einfache und deshalb) Beste daran: Diese Regel gilt immer! Wir tendieren grundsätzlich dazu, für komplexe Aufgaben auch komplexe Lösungen zu suchen. Und das, obwohl wir eigentlich auf der Suche nach den einfachsten Lösungen sein sollten! Komplexe Lösungen haben nämlich eine Menge Nachteile.

Versuchen Sie doch mal, andere von einer komplexen Lösung zu überzeugen. Das gestaltet sich oft schwierig, da die Kommunikation umständlich und langatmig ist. Und wenn Sie erstmal weiter ausholen müssen, um eine verständliche Erklärung zu bieten, sind die meisten Zuhörer bald ausgestiegen. Gerade Innovationsideen muss man immer und immer wieder verkaufen, und da ist eine einfache Lösung –

die Sie im Idealfall in nur einen Satz packen können – einfach unschlagbar.

Mit der Kommunikation ist es natürlich noch lange nicht getan – nun geht es an die Umsetzung der Lösung. Und da zeigt sich dann so richtig, wie schwierig ein komplexer Lösungsansatz Ihr Leben machen kann. Ihre Lösung muss durch zahlreiche Entscheidungsgremien und dann den Spießrutenlauf aller Innovationaktivitäten – von der Entwicklung über die Produktion bis zur Vermarktung bis zum Verkauf samt Logistik – durchlaufen. Sie müssen Ihre Idee förmlich durch den Hindernislauf der Innovation tragen. Und komplexe Ideen entpuppen sich dabei oft als die schwersten Brocken.

Innovationsideen besitzen einen geheimnisvollen magnetischen Effekt, sie haben nämlich die Eigenschaft, im Laufe der Umsetzung vorher nicht absehbare Probleme anzuziehen. Gehen Sie davon aus, dass die Probleme und Herausforderungen, die Sie für die Umsetzung Ihrer Idee erkannt haben, nur die Spitze des Eisbergs sind. Selbst eine einfache Idee, die am Beginn der Innovationsstrecke super-easy ausgesehen hat, stellt Sie vor Hürden, an die Sie zunächst nicht im Entferntesten dachten. Die Regel ist einfach, aber schmerzhaft: Der vorher geschätzte Aufwand vervielfacht sich in der Realität (siehe Kapitel „Alles dauert doppelt so lange und kostet doppelt so viel – Und lohnt sich trotzdem!"). Also ziehen Sie sich schon mal wirklich warm an, wenn Sie mit komplizierten Ideen ins Rennen gehen möchten.

Das soll aber nicht heißen, dass einfache Ideen nur kleine Innovationsschritte bedeuten dürfen. Sie können genauso große, radikale Innovationen nach sich ziehen. Denken Sie zum Beispiel an die Idee hinter Apples iPhone: ein Multimedia-Mobiltelefon ohne Tasten. Diese Idee ist genial einfach, leicht zu erklären, und war damals trotzdem ein wirklich radikaler Schritt. Und Apple lieferte mit der herausfordernden Umsetzung dieses Innovationsprojektes wahrlich ein Meisterwerk ab: Das Projekt wurde – unter höchsten Anstrengungen – lange geheim gehalten, und zahlreiche technische und menschliche Herausforderungen wurden überwunden. Eine starke Vision, Mut und Durchhaltevermögen wurden bewiesen und schlussendlich ein wirklich innovatives Produkt perfekt – und mit einfachen Botschaften – vermarktet. Wenn Sie wirklich große Schritte machen wollen, muss die grundsätzliche Idee einfach sein, auch wenn sie Sie vor zahlreiche umsetzungstechnische Herausforderungen stellt.

Einfache Ideen werden oftmals belächelt, sehen im Nachhinein so naheliegend aus, doch das Finden von einfachen Lösungen ist in Wahrheit eine hohe Kunst. Ähnlich einem Vortragenden, der nur dann wirklich gut ist, wenn er komplexen Stoff möglichst einfach erklären kann, finden ausgezeichnete Forscher und Entwickler manchmal wirklich einfache Lösungen für komplexe Problemstellungen. Die einfachsten Ideen sind nicht nur elegant, sondern haben die größte Power und deshalb meist auch die nötige Robustheit, um die Innovationsrüttelstrecke bis zum Kunden zu überleben.

Wenn Sie auf der Suche nach richtig genialen Ideen sind, dann achten Sie beispielsweise auf folgendes Verhaltensmuster: Sie sitzen in einem Patent-Komitee, wo regelmäßig neue Ideen vorgestellt werden. Dann betritt ein Ideenbringer – z.B. aus der F&E-Abteilung – eher zögerlich die Bühne und berichtet – sich fast schon entschuldigend – mit leiser Stimme von seiner Idee: „Eigentlich ist es nichts wirklich Neues und auch sehr naheliegend, aber ich hab's mir angesehen, und es bringt wirklich was, und patentiert ist es auch noch nicht, ich verstehe auch nicht, warum." Häufig klingen solche Vorträge so, als ob sich die Ideenbringer für die Einfachheit einer angeblich so naheliegenden Idee fast schämen und sich dann dafür rechtfertigen, dass sie so eine Lösung überhaupt vorstellen. Wenn Sie so eine Idee vorgetragen bekommen: Spitzen Sie die Ohren und hören Sie mit voller Aufmerksamkeit zu! Denn fast immer lohnt sich hier ein weiterer Blick, und eventuell könnte diese Idee Ihren Umsatz in den nächsten Jahren in die Höhe schnellen lassen.

KEY TAKE-AWAY

→ Wenn Sie die Wahl haben, entscheiden Sie sich immer für die einfachere Innovationsidee. Das Gute an den einfachen und naheliegenden Ideen ist, dass sie funktionieren. Die Komplexität jeglicher Idee erhöht sich nämlich während der Umsetzung von selbst, und es treten umso mehr unvorhergesehene Hürden auf, je komplexer Ihr Lösungsansatz ist. Einfache Ideen sind wesentlich leichter kommunizier- und damit verkaufbar und im Idealfall auch leichter entwickel- und herstellbar.

Ein Unternehmen mit Herz motiviert

Woraus besteht eigentlich ein Unternehmen? Was macht Ihr Unternehmen aus? Ist es das Firmengebäude, der Standort, Ihr Anlagenpark, die Produkte? Nein, es sind natürlich die Menschen. Ohne die Mitarbeiter ist ein Unternehmen nichts weiter als ein totes Konstrukt, ein Bürogebäude mit stillen Schreibtischen, ordnerbesetzten Regalen, eine geisterhafte Halle mit staubansetzenden Maschinen, ein stillstehender Fuhrpark und ein paar Folder mit einem netten Logo. Es sind Ihre Mitarbeiter, die es zum Leben erwecken, und Sie sind es auch, die für Sie tagtäglich Wert schöpfen. Ohne Ihre Mitarbeiter ist Ihre Firma nichts! Auch wenn alles an Ausstattung vorhanden ist, um Aufträge zu erfüllen, es braucht die Erfahrung und das Wissen, die Flexibilität und den Tatendrang, das Geschick und die Intelligenz, die in Ihren Mitarbeitern stecken. Ein Computer alleine vollbringt nichts, Sie brauchen den begabten Forscher, der darauf Ihre neue Produktgeneration entwickelt, die Sie die nächsten Jahre mit sagenhaften Umsätzen segnen wird. Was nützt ein Koffer mit Werkzeug, wenn Sie nicht den geschickten und erfahrenen Ingenieur dazu haben, der Ihnen in größter Not eine wertvolle Maschine wieder zum Laufen bringt? Was bringen Ihnen Stift und Papier, wenn Ihnen der visionäre Stratege fehlt, der für Ihr Unternehmen die richtige Stoßrichtung für die Zukunft aufzeichnet? Es ist der Geist, der die Feder zum Leben erweckt!

Haben Sie schon mal miterlebt, was passiert, wenn man eine erfahrene und gut eingearbeitete Mannschaft gegen eine neue, völlig unerfahrene austauscht? Wie weit Sie das zurückwerfen kann? Oder Unternehmen, die ständig mit hoher Personalfluktuation kämpfen? Welche Energien es braucht, um die ständig wechselnde Mannschaft leistungsfähig zu halten? Das ist, als ob Sie ständig schwer verwundet in den Kampf ziehen! Glauben Sie wirklich, so kann man die Innovationskrone erobern?

Aber wir wollen jetzt nicht über Personalauswahl oder Maßnahmen zur Reduktion von Fluktuation sprechen. Wir zielen auf etwas anderes ab: auf das Glänzen in den Augen! Es gibt Unternehmen, die sind gut und funktionieren. Und dann gibt es Unternehmen, die begeistern. Und nur in solchen Unternehmen ist alles möglich. Die Mitarbeiter werden gerne mehr geben als verlangt wird, haben tatsächlich Freude an der Arbeit (ja das gibt's!) und laufen einem auch nicht davon. Begeisterung ist genau jenes Quäntchen, das zwischen Innovationsführerschaft und Mittelmaß entscheidet. Es geht dabei um das Herzblut, das nötig ist, dass Ihre Forscher noch konzentrierter tüfteln, Ihre Qualitätssicherung alles gibt, um Ihr hohes Niveau noch weiter zu steigern, Ihr Produktmanagement sich voll in die Perspektive Ihrer Kunden versetzt und Ihr Verkauf beim Kunden solche Überzeugung ausstrahlt, dass dieser mit Freuden zu Ihrem Produkt greift. Wenn ein gut gehendes und ordentlich geführtes Unternehmen zügig unterwegs ist, dann ist Begeisterung genau jene Lachgaseinspritzung, die Ihnen den nötigen Turbo zum Überholen der Konkurrenz ermöglicht.

Klar, sagen Sie, klingt doch alles supernett! Und woher soll ich diese Begeisterung nehmen? Begeisterung schafft man durch Wertschätzung und Erfolg. Wichtig ist: Diese Wertschätzung darf nicht Kalkül sein, um noch erfolgreicher zu werden, sondern muss in den Genen und Werten des Unternehmens verankert sein. Ihre Mitarbeiter haben einen siebten Sinn für Pseudo-Aktionen, die künstlich Begeisterung schüren sollen. Sie müssen den Mitarbeitern das ganze Jahr über zeigen, dass sie Ihnen wichtig sind, und nicht nur in der Ansprache beim jährlichen Sommerfest („In diesem Jahr haben wir doch wirklich 3000 Euro in Würstchen und Bier investiert, da müssen unsere begriffsstutzigen Mitarbeiter doch endlich mal kapieren, wie wichtig sie für uns sind …"). Das, was Sie predigen, und was Sie tun, muss übereinstimmen.

Wertschätzung hat aber nichts damit zu tun, die notwendigen Schritte zu unterlassen. Wenn Mitarbeiter nicht zum Unternehmen passen, muss man sich voneinander trennen. Es ist weder dem Mitarbeiter noch dem Unternehmen geholfen, wenn man erst in einer Krise damit beginnt, faule Äpfel auszusortieren. Und wenn eine Personalanpassung durchzuführen ist, dann wird das gemacht. Als Unternehmen ist man keine Wohlfahrtorganisation, sondern dient dem Unternehmenszweck. Oft gibt es aber Situationen, die das Unternehmen gar nichts oder kaum etwas kosten, die aber die Wertschätzung zum Ausdruck bringen und den Mitarbeitern ewig in Erinnerung bleiben.

KEY TAKE-AWAYS

→ Schaffen Sie in Ihrem Unternehmen Begeisterung, denn dies gibt Ihnen die nötige Kraft und Ausdauer für anhaltende Innovationsführerschaft. Begeisterung schafft man durch Wertschätzung und Erfolg. Zeigen Sie Ihren Mitarbeitern, dass sie Ihnen wichtig sind. Machen Sie keine falschen Versprechungen und kommunizieren Sie offen und ausreichend.

→ Oft sind es Details, die erkennen lassen, ob ein Unternehmen Wertschätzung wirklich lebt oder nur predigt. Dies bedeutet aber keineswegs, dass Sie die harten Entscheidungen, die für das Unternehmen wichtig sind, vernachlässigen dürfen. Wenn Personalanpassungen nötig sind, dann ist das so und muss auch umgesetzt werden.

Wenn du alles unter Kontrolle hast, dann fährst du garantiert zu langsam[30]

Wenn Sie Muskeln aufbauen möchten, wie viel Gewicht legen Sie dann auf? Richtig, Sie müssen Ihre Muskeln überlasten, damit der Wachstumsprozess angestoßen wird. Schweiß ist ja bekanntlich Schwäche, die den Körper verlässt! Wenn Sie immer nur den einfachsten und bequemsten Weg gehen, enden Sie irgendwann als jammernder Couch Potato mit ausgeprägter Opfer-Mentalität.

Genauso ist es mit den Innovationsmuskeln eines Unternehmens. Man wächst mit der Herausforderung, und der Sprung ins kalte Wasser macht härter und resistenter. Stellen Sie sich dem Hürdenlauf der Innovation, und seien Sie gewiss, wenn Sie richtig rangehen, dann werden Sie auch ordentlich ins Schnaufen kommen. Falls Innovation keinen Widerstand innerhalb und außerhalb des Unternehmens hervorruft, dann ist sie diese Bezeichnung nicht wert.

Warten Sie niemals, bis alles perfekt ist. Sie werden nie die Situation vorfinden, dass Sie eine vielversprechende Idee haben, um dann festzustellen, dass alle Voraussetzungen für deren Umsetzung bereits gegeben sind: Ihre Forscher haben genau das nötige Wissen, Ihr Anlagenpark wurde eigentlich genau für dieses Produkt entworfen, Ihr Vertrieb hat auch gerade nichts zu tun, und Ihre Kunden warten schon sehnsüchtig darauf. So ein Innovationsprojekt wäre doch toll: Sie laufen durch die Gänge in Ihrem Unternehmen, auf beiden Seiten stehen Ihre Kollegen und feuern Sie begeistert an, in jeder Abteilung brauchen Sie nur mehr die schon lange fertigen Ergebnisse abzuholen, Sie wissen nicht mehr, wohin mit den vielen Dankesschreiben der Kunden, und Ihr Bankkonto hat zu wenige Stellen, um die hohen Gewinne abzubilden. Sie leben in einer Welt, in der Milch, Honig und Innovationen fließen, und die gebratenen Tauben fliegen Ihnen ins Maul.

---

[30] Originalzitat von Stirling Moss (ehemaliger britischer Automobilrennfahrer): „If everything is under control you are just not driving fast enough."

Falls Sie dort leben, schicken Sie uns doch bitte eine Postkarte, wir anderen sehen uns mit einer herausfordernderen Realität konfrontiert: Jedes Innovationsprojekt ist ein Hindernislauf und wird Sie an Ihre Grenzen führen. Und der Zeitpunkt und die Vorzeichen für den Start eines solchen Projektes sind auch häufig denkbar ungünstig. Trotzdem gilt: Drücken gilt nicht! Ran an die Challenge! Man wächst mit der Herausforderung, und man kann sich kaum vorstellen, wie stark man auf einer holprigen und schwierigen Strecke wachsen kann, wenn es sein muss!

Wie beim Muskeltraining schadet es nicht, sein Unternehmen etwas zu überfordern. Nicht zu viel, Sie wollen sich ja nicht verletzen, aber es darf schon ein wenig knistern. Wenn der Druck etwas größer wird, dann wird plötzlich beinhart priorisiert, und Ineffizienzen werden ausgemerzt. Achten Sie aber unbedingt darauf, dass dabei nicht die mittel- und langfristigen Themen zugunsten des Tagesgeschäfts auf dem Altar der Zeitnot geopfert werden. Wichtig ist es zudem, bei einem solchen Tempo auch Fehler zuzulassen. Erwarten Sie niemals, dass immer alles gutgeht, aber erwarten Sie, dass Ihre Mitarbeiter niemals aufgeben.

Mut zum Risiko ist eine notwendige Voraussetzung für Innovation. Es gibt keine echte Innovation, bei der von vornherein schon klar ist, dass sie aufgehen wird. Seien wir doch ehrlich, bei echt neuen Themen ist eine frühzeitige Erfolgsschätzung (und nichts anderes ist ja ein Projekt-Business-Case) nicht viel mehr als Glaskugelschau. Innovation ist wie Elfmeterschießen, man kann nicht immer gewinnen. Man kann natürlich die Chancen erhöhen, indem man das Unternehmen bestmöglich auf die Herausforderung vorbereitet und vielversprechende Themen anstößt, aber eine Erfolgsgarantie ist das sicher nicht. Wenn Sie also im Spiel der Innovation ganz vorne mitspielen möchten, dann müssen Sie schon ein wenig Mut zum Risiko haben und auch mal einen Fehlschlag verkraften können. Sehen Sie doch mal auf die so oft zitierte Ansoff-Matrix[31] mit ihren vier Quadranten. Was glauben Sie, wie hoch ist die Erfolgswahrscheinlichkeit für neue Produkte in bestehenden Märkten oder bestehende Produkte in neuen Märkten? Oder gar neue Produkte in neuen Märkten? Sie wissen es nicht? Die Antwort ist wenig ermutigend, die Erfolgswahrscheinlichkeit nimmt nämlich mit steigendem Innovationsgrad brutal ab. Das darf uns aber niemals davon abhalten, es trotzdem durchzuziehen. Die Vogelstraußtaktik funktioniert nämlich nicht!

Machen Sie es sich niemals zu bequem. Auch der Mitbewerb schläft nicht, und wenn Sie besser sein wollen, müssen Sie nicht nur schnell fahren, sondern schneller als die Konkurrenz. Und wenn alle in Ihrer Branche Raser sind, dann müssen Sie wohl zum professionellen Rennfahrer werden. Oder Sie suchen sich eine andere lohnende Strecke, auf der Sie gewinnen können.

● ●

KEY TAKE-AWAYS

→ Begnügen Sie sich niemals mit der Komfortzone, sondern stellen Sie sich der Innovationsherausforderung. Nur so können Sie Ihre Innovationsmuskeln stärken und immer besser werden.

→ Sie werden niemals alles unter Kontrolle haben und vieles wird schiefgehen. Widerstehen Sie trotzdem dem Drang, sich auf einfache Routineprojekte zu fokussieren. Fordern Sie bewusst Ihr Unternehmen und wagen Sie etwas!

● ●

---

[31] Produkt-Markt-Matrix benannt nach dem Wirtschaftswissenschaftler Harry Igor Ansoff (1918–2002).

Richtige Themen lösen große Probleme der Menschheit

Welches Problem lösen Sie eigentlich, was ist Ihr Angebot? Eventmanagement? Werkzeugmaschinen? Kräne? Autos? Kinderspielzeug? Wasseraufbereitungsanlagen? Würstchen? Egal was Sie anbieten, in der Regel lösen Sie damit mindestens ein Problem Ihrer Kunden.

Aber nicht jedes Problem ist gleich mächtig. Richtige Probleme zielen darauf ab, Herausforderungen der Menschheit zu lösen. Das klingt erst mal sehr hoch gegriffen und pathetisch, doch wenn man es genau durchdenkt, tragen viele von uns bereits dazu bei. Wenn Sie zum Beispiel die moderne Materialforschung betrachten, dann sehen Sie einen eindeutigen Trend zu Leichtbauwerkstoffen, die sich dabei auch noch gut verarbeiten, fügen, sich im Idealfall auch noch energiesparend und umweltschonend herstellen und überdies gut recyceln lassen (moderner Stahl ist hier eindeutig der Musterschüler). Diese Werkstoffe tragen nicht nur dazu bei, dass sich unser Fahrspaß aufgrund der leichter werdenden Karossen erhöht, sondern helfen ganz entschieden, Energie zu sparen und den Schadstoffausstoß zu senken. Und schon sind wir bei den großen Problemen der Menschheit angelangt. Viele Produkte tragen auf diese Weise ein Stück weit dazu bei, solche wichtigen Herausforderungen in kleinen Schritten zu meistern, manche ermöglichen sogar einen großen Schritt Richtung Lösung. Unser Rat: Innovieren Sie in genau diesen Bereichen, in denen Sie mit Ihren Lösungen zumindest ein Stück weit helfen, die wirklich großen Probleme zu entschärfen.

Warum? Lassen Sie uns mal gemeinsam überlegen: Wo wird wohl das große Geschäft der Zukunft sein? Bingo! Die Formel ist nämlich einfach:

Lösung für große Probleme = großes Geschäft!

Wenn Sie auf die großen Probleme der Menschheit abzielen, können Sie richtig viel Geld verdienen. Sie können sich darauf verlassen, dass Ihrer Leistung dauerhaft Bedarf gegenübersteht und dass Sie in der richtigen Richtung unterwegs sind. Je mehr Sie zur Lösung dieser großen Probleme beitragen, desto mehr verdienen Sie auch – zu Recht – eine Gegenleistung in Form von vielen klingenden Münzen.

Weitere positive Aspekte sind natürlich, dass sich diese Themen sowohl intern als auch extern gut verkaufen lassen. Ihre Mitarbeiter sind doppelt motiviert, wenn sie durch ihren Einsatz unsere Welt ein Stück besser machen. Das kann ein richtiger Turbo in Ihrem Unternehmen sein, denn es macht Spaß zu wissen, dass die eigene Arbeit wirklich Sinn hat. Dass man hilft, da z.B. durch die erzeugten Fertigungsmaschinen wesentlich weniger Energie verbraucht wird oder dass durch den Einsatz der neu entwickelten Materialien Menschenleben bei Unfällen geschützt und außerdem noch Schadstoffe reduziert werden. Das ist ein enormer Motivationsfaktor, die Menschen sind stolz, dazu beizutragen, und sind mit vollem Herzblut dabei. Und das ist wiederum eine wirklich gute Zutat, um auf dem beschwerlichen Weg der Innovation so lange wie nötig durchzuhalten.

● ●

KEY TAKE-AWAY

➜ Versuchen Sie durch Ihre Innovationen dazu beizutragen, die wirklich großen Probleme der Menschheit zu lösen. Dort liegen riesige Geschäftschancen. Die Formel ist einfach: Große Probleme = großes Geschäft!

● ●

Was wir Ihnen mit auf den Weg geben

Ja, Innovation ist ein hartes Geschäft. Aber es ist das einzige, das uns langfristig über Wasser halten kann. Es gibt keinen anderen Weg! Wir alle wissen das, und trotzdem passiert so wenig. Deshalb ist der wichtigste Rat, den wir Ihnen am Ende dieses Buches geben können:

Das Wichtigste beim Thema Innovation ist das TUN! Wenn es um Innovationsarbeit geht, dann gibt es niemals den geraden und übersichtlichen Weg. Bei Innovationen gilt: Von A nach B nach X! Sie haben ein Ziel im Kopf, versuchen es mit dem Lösungsweg A, lernen etwas, kommen zum Lösungsweg B, stoßen an ein Hindernis und landen im nächsten Schritt – völlig unerwartet – bei Lösungsweg X. Nun haben Sie vielleicht genau diejenige Lösung bzw. genau das Produkt entwickelt, das Ihre Kunden begeistert und das zugrunde liegende Problem oder Bedürfnis dabei auf völlig unvorhergesehene Art löst bzw. erfüllt. Deshalb kann man das Ergebnis von Innovationsarbeit niemals geistig vorwegnehmen! Sagen Sie nicht „das geht nicht, das kann nicht funktionieren"! Probieren Sie es einfach! Bei dieser Art der Schatzsuche gelangen Sie an Orte, die Sie vorher nicht einmal ahnten, und stoßen auf Schätze, deren Existenz vorher völlig unbekannt war.

Stürzen Sie sich in das Abenteuer Innovation, und verlassen Sie sich darauf, dass Sie Ihren Weg zum Ziel finden werden! Es ist niemals leicht, aber es macht trotzdem unheimlich Spaß. Und mit etwas Glück wartet am Ende Ihres Hindernislaufs eine Truhe voll Gold auf Sie.

Enjoy and have fun!

Die Autoren

Dipl.-Ing. Dr. Peter Schwab MBA

Peter Schwab war zwölf Jahre lang Forschungschef des voestalpine-Konzerns (stahlbasierter Technologie- und Industriegüterkonzern, 11,2 Milliarden Euro Umsatz, rund 150 Million Euro F&E Budget, 53 Forschungsstandorte weltweit, fast 800 Mitarbeiter im F&E Bereich). Mit Oktober 2014 wurde Peter Schwab in den Vorstand der voestalpine AG und zum Vorstandsvorsitzenden der Metal Forming Division berufen.

Peter Schwab studierte technische Physik und promovierte an der Johannes Kepler Universität Linz. Während dieser Zeit absolvierte er im Rahmen eines Austauschprogramms der Akademie der Wissenschaften mehrere längere Auslandsaufenthalte am Institut für angewandte Physik in Nishni Nowgorod. Zudem erwarb er den Global Executive MBA an der Limak Austrian Business School (Linz, Atlanta, Brüssel, Hong Kong) und absolvierte einen Lehrgang an der Harvard Business School.

Peter Schwab war bzw. ist Mitglied oder Vorsitzender zahlreicher nationaler und internationaler Gremien (z.B. Mitglied im Worldsteel Committee on Technology (TECO), Aufsichtsrat des Austrian Institute of Technology (AIT), Vorsitz der European Steel Technology Platform (ESTEP), Vorsitz der Forschungsvereinigung für Stahlanwendungen (FOSTA), Scientific Advisor des Max-Planck-Institutes für Eisenforschung (MPIE), Universitätsrat der Montanuniversität Leoben (MUL), u.v.a.).

Dipl.-Ing. Dr. Stefan Punz

Stefan Punz ist seit 2012 verantwortlich für den Fachbereich Innovationsmanagement der voestalpine Stahl GmbH. Außerdem ist er Aufsichtsrat des Austrian Institute of Technology (AIT) sowie Vorstandsmitglied im Verein zur Förderung von Forschung und Innovation (VFFI).

Vor seinem Eintritt in die voestalpine war Stefan Punz als Program-Manager bei der Firma BRP-Powertrain GmbH & Co KG tätig.

Stefan Punz studierte Mechatronik an der Johannes Kepler Universität Linz und promovierte anschließend während seiner Tätigkeit als Universitätsassistent mit dem Schwerpunkt „Kundenorientierte Produktentwicklung".

Bücher, die wir empfehlen

→ Collins, Jim: Der Weg zu den Besten. Die sieben Management-Prinzipien für dauerhaften Unternehmenserfolg

→ Covey, Stephen R.: Die 7 Wege zur Effektivität. Prinzipien für persönlichen und beruflichen Erfolg

→ DeSena, Joe: Spartan Up! A Take-No-Prisoners Guide to Overcoming Obstacles and Achieving Peak Performance in Life

→ Dueck, Gunter: Das Neue und seine Feinde. Wie Ideen verhindert werden und wie sie sich trotzdem durchsetzen

→ Merath, Stefan: Der Weg zum erfolgreichen Unternehmer. Wie Sie und Ihr Unternehmen neue Dynamik gewinnen

→ Merath, Stefan: Die Kunst, seine Kunden zu lieben. Neurostrategie® für Unternehmer